司馬法今註今譯

劉仲平註譯

臺灣商務印書館

永恆的經典，智慧的泉源

馬英九（總統暨前文化總會會長）

中國傳統經典是民族智慧與經驗的結晶。在五千年的歷史中，這些典籍經歷戰亂的傷害，飽受文革的摧殘，然而書中蘊含的哲理，不只啟迪世世代代的炎黃子孫，且遠播於東亞及世界各國。如今學習國學經典同在兩岸盛行，並非偶然，反映這些古籍的價值跨越了時空，對二十一世紀兩岸人民，依然發揮積極的引導作用。

古人從小開始的經典教育，對一個孩子建立正確的人生觀，有非常重要的意義。而古文最迷人的地方，正在於它能將博大精深的知識，凝煉為言簡意賅的文字；將複雜的人生經驗，濃縮為一語道破的智慧。而這些修身、齊家、治國、平天下的理念，即使經過千百年的時空變遷，仍能與現代生活相結合。

我念小學二年級的時候，跟著在石門水庫任職的母親住在桃園龍潭。民國四十七年的臺灣，沒有電視可看，也沒有電晶體收音機可聽。晚上沒事，媽媽常常燈下課子，教我念古文。啟蒙的第一課是《左傳》的〈鄭伯克段於鄢〉，其中我記得最牢的一句話，就是鄭莊公對他從小被母親寵壞、長大後又驕縱謀反的弟弟共叔段所作的評語：「多行不義必自斃，子姑待之。」這句話我一直作為自惕與觀人的警語。放在今天的臺灣與世界的時空中，不也是很適用嗎？

上高中後，父親常常以晚清名臣曾國藩的家訓「唯天下至誠能勝天下至偽，唯天下至拙能勝天下至巧」來訓勉我。當初覺得陳義過高，似乎不切實際，但年紀愈大，閱歷愈多，愈覺得有道理。「尚誠尚拙、去偽去巧」的理念，也成為我為人處事的哲學。

民國八十年（一九九一）十二月，聯合國大會通過決議，要求各國全面禁止漁民在海洋使用「流刺網」（driftnet）捕魚，以免因為網目太小，造成大小通吃而使漁源枯竭。讀過《孟子》梁惠王篇的人，一定會覺得這個國際規範似曾相識。這位兩千多年前的亞聖不早就說過「數罟不入洿池，魚鱉不可勝食也」嗎？我不能不承認，孟子的保育觀念，實在非常先進。同樣的，他對齊宣王所說大小諸侯之間交往的原則，也可適用到今天的兩岸關係：「惟仁者為能以大事小……惟智者為能以小事大……以大事小者，樂天者也，以小事大者，畏天者也。樂天者，保天下；畏天者，保其國。」兩岸真能照辦，臺海還會不和平繁榮嗎？

民國九十五年（二〇〇六）十月，臺灣被貪腐的烏雲籠罩，民怨沸騰，當時總統府前廣場群眾豎起兩層樓高的海報標語，上面寫的就是「禮義廉恥」四個大字。二十一世紀臺灣街頭群眾運動的訴求，居然是二千五百多年前春秋時代齊國宰相管仲的名言，這是民主化後的臺灣，人生觀與價值觀的回歸，同時也是古典智慧的再現！

國家文化總會的前身是「中華文化復興運動推行委員會」（文復會），四十多年前曾與國立編譯館、臺灣商務印書館邀集國內多位國學大師共同出版《古籍今註今譯》系列，各界評價甚高，一時洛陽紙貴。如今重新刊印，邀我作序，實不敢當，忝為會長，礙難不從。謹在此分享一些讀經的親身感受，並期待古典文化的智慧，就像在歷史長河中的一盞明燈，繼續照亮中華民族的未來。

在時間的長河中

楊渡
（文化總會祕書長）

時間是殘酷的，因為它會淘洗去所有的肉體與外在，虛華與偽飾。所有的慶典，權柄和武器，都有寂寞、生鏽、消逝的一天。

時間是溫柔的，因為它也留存了文明的光。唐朝沒有了宮殿，卻為我們留下李白和李商隱的詩句。長安的美麗，不是存在於西安，而是存在於詩句裡。

所有的政治風暴都會消逝，所有的權力都會轉移，所有的歷史，都見證著朝代的不斷更迭，才是進步的必然。然而到最後，什麼會留存下來？

文化總會的前身是「文化復興總會」，它是為了因應文化大革命對中國傳統文化的破壞，以「復興中華文化」為宗旨，而設立起來的。為了反制文革，總會特地請當時最好的學者，對四書、詩經、周易、老莊、春秋等進行今註今譯，以推廣典籍閱讀。當時聘請的學者，包括了南懷瑾、屈萬里、林尹、王夢鷗、史次耘、陳鼓應等，堪稱一時之選，連續出版了諸子百家的經典。這工作也持續了好幾年。

文化大革命的風暴過去之後，文復會性質慢慢改變，直到李登輝時代，它變成民間文化團體，舉辦一些文化活動。等到民進黨執政，由於去中國化，這些傳統文化的研究被忽略，束之高閣。然而，歷史多麼反諷，當文革過去，在經濟富裕後的現代大陸，由於缺少思想的指引，人們卻開始重讀古代典籍，而有諸子百家講堂與各種當代閱讀，古書今讀，竟成顯學。當年搞文革的卻已經悄悄的「復興中華文化」了。

反觀臺灣，這些由學養深厚的專家所寫的典籍今註今譯，卻因政治原因未受到重視。現在回頭看經典，細心體會古代的智慧，而不是用政治符號去切割知識典籍，我們才會開始懂得謙卑。歷史這樣長，而我們只是風中的塵埃。一如聖嚴法師所留下的偈：「無事忙中過，空裡有哭笑。」能留下的，只是無形的智慧，美麗的詩句，和千年的夢想。

當政治的風暴過去之後，什麼會留存下來？時間有多殘酷，我不知道。我只知道，中國傳統經典的生命，一定會生存得比政權更遠，更深，更厚。

我只知道，當古老的「禮義廉恥」，成為二十一世紀反貪腐抗議群眾運動的標語時，整個中華文明已經走向另一個階段。那是作為人的價值觀的百劫回歸，那是自信自省的開端。古老的，或許比現代更新、更有力，更象徵著數千年文明的總結。

而我們，只是千年文明裡的小小學生，仍在古老的經籍中，探詢著生命終極的意義，並且，尋找前行的力量。

《古籍今註今譯》總統推薦版序

中華文化精深博大，傳承頌讀，達數千年，源遠流長，影響深遠。當今之世，海內海外，莫不重新體認肯定固有傳統，中華文化歷久彌新、累積智慧的價值，更獲普世推崇。

語言的定義與運用，隨著時代的變動而轉化；古籍的價值與傳承，也須給予新的註釋與解析。商務印書館在先父王雲五先生的主持下，民國一〇年代曾經選譯註解數十種學生國學叢書，流傳至今。

臺灣商務印書館在臺成立六十餘年，繼承上海商務印書館傳統精神，以「宏揚文化、匡輔教育」為己任。五〇年代，王雲五先生自行政院副院長卸任，重新主持臺灣商務印書館，仍以「出版好書，匡輔教育」為宗旨。當時適逢國立編譯館中華叢書編審委員會編成《資治通鑑今註》（李宗侗、夏德儀等校註），委請臺灣商務印書館出版，全書十五冊，千餘萬言，一年之間，全部問世。

王雲五先生認為，「今註資治通鑑，雖較學生國學叢書已進一步，然因若干古籍，文義晦澀，今註之外，能有今譯，則相互為用，今註可明個別意義，今譯更有助於通達大體，寧非更進一步歟？」

因此，他於民國五十七年決定編纂「經部今註今譯」第一集十種，包括：詩經、尚書、周易、周禮、禮記、春秋左氏傳、大學、中庸、論語、孟子，後來又加上老子、莊子，共計十二種，改稱《古籍今註今譯》，參與註譯的學者，均為一時之選。

臺灣商務印書館以純民間企業的出版社，來肩負中華文化古籍的今註今譯工作，確實相當辛苦。中華文化復興運動總會（國家文化總會前身）成立後，一向由總統擔任會長，號召推動文化復興重任，素有成效。六〇年代，王雲五先生承蒙層峰賞識，委以重任，擔任文復會副會長。他乃將古籍今註今譯列入文復會工作計畫，廣邀文史學者碩彥，參與註解經典古籍的行列。文復會與國立編譯館中華叢書編審委員會攜手合作，列出四十二種古籍，除了已出版的第一批十二種是由王雲五先生主編外，文復會與國立編譯館主編的有二十一種，另有八種雖列入出版計畫，卻因各種因素沒有完稿出版。臺灣商務印書館另外約請學者註譯了九種，加上《資治通鑑今註》，共計出版古籍今註今譯四十三種。茲將書名及註譯者姓名臚列如下，以誌其盛：

序號	書名	註譯者	主編	初版時間
1	尚書	屈萬里	王雲五（臺灣商務印書館）	五八年九月
2	詩經	馬持盈	王雲五（臺灣商務印書館）	六〇年七月
3	周易	南懷瑾	王雲五（臺灣商務印書館）	六三年十二月
4	周禮	林尹	王雲五（臺灣商務印書館）	六一年九月
5	禮記	王夢鷗	王雲五（臺灣商務印書館）	七三年一月
6	春秋左氏傳	李宗侗	王雲五（臺灣商務印書館）	六〇年一月
7	大學	楊亮功	王雲五（臺灣商務印書館）	六六年二月
8	中庸	楊亮功	王雲五（臺灣商務印書館）	六六年二月
9	論語	毛子水	王雲五（臺灣商務印書館）	六四年十月
10	孟子	史次耘	王雲五（臺灣商務印書館）	六二年二月
11	老子	陳鼓應	王雲五（臺灣商務印書館）	五九年五月

12	莊子	陳鼓應	王雲五（臺灣商務印書館）	六四年十二月
13	大戴禮記	高明	文復會、國立編譯館	六四年四月
14	春秋公羊傳	李宗侗	文復會、國立編譯館	六二年五月
15	春秋穀梁傳	薛安勤	臺灣商務印書館	八三年八月
16	韓詩外傳	賴炎元	文復會、國立編譯館	六一年九月
17	孝經	黃得時	文復會、國立編譯館	六一年七月
18	列女傳	張敬	文復會、國立編譯館	八三年六月
19	新序	盧元駿	文復會、國立編譯館	六四年四月
20	說苑	盧元駿	文復會、國立編譯館	六六年二月
21	墨子	李漁叔	文復會、國立編譯館	六三年五月
22	荀子	熊公哲	文復會、國立編譯館	六四年九月
23	韓非子	邵增樺	文復會、國立編譯館	七一年九月
24	管子	李勉	文復會、國立編譯館	七七年七月
25	孫子	魏汝霖	文復會、國立編譯館	六一年八月
26	史記	馬持盈	文復會、國立編譯館	六八年七月
27	商君書	賀凌虛	文復會、國立編譯館	七六年三月
28	太公六韜	徐培根	文復會、國立編譯館	六五年二月
29	黃石公三略	魏汝霖	文復會、國立編譯館	六四年六月
30	司馬法	劉仲平	文復會、國立編譯館	六四年十一月
31	尉繚子	劉仲平	文復會、國立編譯館	六四年十一月
32	吳子	傅紹傑	文復會、國立編譯館	六五年四月
33	唐太宗李衛公問對	曾振	文復會、國立編譯館	六四年九月
34	資治通鑑今註	李宗侗等	國立編譯館	五五年十月
35	春秋繁露	賴炎元	文復會、國立編譯館	七三年五月

36	公孫龍子	陳癸淼	文復會、國立編譯館	七五年一月
37	晏子春秋	王更生	文復會、國立編譯館	七六年八月
38	呂氏春秋	林品石	文復會、國立編譯館	七四年二月
39	黃帝四經	陳鼓應	臺灣商務印書館	八四年六月
40	人物志	陳喬楚	文復會、國立編譯館	八五年十二月
41	近思錄、大學問	古清美	文復會、國立編譯館	八九年九月
42	抱朴子內篇	陳飛龍	文復會、國立編譯館	九〇年一月
43	抱朴子外篇	陳飛龍	文復會、國立編譯館	九一年一月
44	四書（合訂本）	楊亮功等	王雲五（臺灣商務印書館）	六八年四月

已列計畫而未出版：

序號	書名	譯註者	主編	
1	國語	張以仁	文復會、國立編譯館	
2	戰國策	程發軔	文復會、國立編譯館	
3	淮南子	于大成	文復會、國立編譯館	
4	論衡	阮廷焯	文復會、國立編譯館	
5	楚辭	楊向時	文復會、國立編譯館	
6	文心雕龍	余培林	文復會、國立編譯館	
7	說文解字	趙友培	國立編譯館	
8	世說新語	楊向時	國立編譯館	

民國七十年，文復會秘書長陳奇祿先生、國立編譯館與臺灣商務印書館再度合作，將當時已出版的二十九種古籍今註今譯，商請原註譯學者和適當人選重加修訂再版，使整套古籍今註今譯更加完善。

九十八年春，國家文化總會秘書長楊渡先生，約請臺灣商務印書館總編輯方鵬程研商，計議重新編輯出版《古籍今註今譯》，懇請總統會長撰寫序言予以推薦，並繼續約聘學者註譯古籍，協助青年學子與國人閱讀古籍，重新體認固有傳統與智慧，推廣發揚中華文化。

臺灣商務印書館經過詳細規劃後，決定與國家文化總會、國立編譯館再度合作，重新編印《古籍今註今譯》，首批十二冊，以儒家文化四書五經為主，在今年十一月十二日中華文化復興節出版，以後每三個月出版一批，將來並在適當時機推出電子版本，使青年學子與海內外想要了解中華文化的人士，有適當的版本可研讀。二十一世紀必將是中華文化復興的新時代，讓我們共同努力。

臺灣商務印書館董事長**王學哲**謹序　民國九十八年九月

重印古籍今註今譯序

古籍蘊藏著古代中國人智慧精華，顯示中華文化根基深厚，亦給予今日中國人以榮譽與自信。然而由於語言文字之演變，今日閱讀古籍者，每苦其晦澀難解，今註今譯為一解決可行之途徑。今註，釋其文，可明個別詞句；今譯，解其義，可通達大體。兩者相互為用，可使古籍易讀易懂，有助於國人對固有文化正確了解，增加其對固有文化之信心，進而注入新的精神，使中華文化成為世界上最受人仰慕之文化。

此一創造性工作，始於民國五十六年本館王故董事長選定經部十種，編纂白話註譯，定名經部今註今譯。嗣因加入子部二種，改稱古籍今註今譯。分別約請專家執筆，由雲老親任主編。

此一工作旋獲得中華文化復興運動推行委員會之贊助，納入工作計畫，大力推行，並將註譯範圍擴大，書目逐年增加。至目前止已約定註譯之古籍四十五種，由文復會與國立編譯館共同主編，而委由本館統一發行。

古籍今註今譯自出版以來，深受社會人士愛好，不數年發行三版、四版，有若干種甚至七版、八版。出版同業亦引起共鳴，紛選古籍，或註或譯，或摘要註譯。回應如此熱烈，不能不歸王雲老當初創意與文復會大力倡導之功。

已出版之古籍今註今譯，執筆專家雖恭敬將事，求備求全，然為時間所限，或因篇幅眾多，間或難免舛誤；排版誤置，未經校正，亦所不免。本館為對讀者表示負責，決將已出版之二十八種（本館自行約人註譯者十二種，文復會與編譯館共同主編委由本館印行者十六種）全部重新活版排印。為此與文復會商定，在重印之前由文復會請原註譯人重加校訂，原註譯人如已去世，則另約適當人選擔任。修訂完成，再由本館陸續重新印行。為期盡量減少錯誤，定稿之前再經過審閱，排印之後並加強校對。所有此等改進事項，本館將支出數百萬元費用。本館以一私人出版公司，在此出版業不景氣時期，不惜花費巨資重新排版印行者，實懍於出版者對文化事業所負責任之重大，並希望古籍今註今譯今後得以新的面貌與讀者相見。茲值古籍今註今譯修訂版問世之際，爰綴數語誌其始末。

臺灣商務印書館編審委員會謹識　民國七十年十二月二十四日

古籍今註今譯修訂版序

中國文化淵深博大。語其深，則源泉如淵，語其廣，則浩瀚無涯，語其久，則悠久無疆。上探宇宙之奧祕，下窮人事之百端。應乎天理，順乎人情。以天人為一體，以四海為一家。氣象豪邁，體大思精。一切研究發展，以人為中心，以實事求是為精神。不尚虛玄，力求實效。遂自然演成人文文化，為中國文化之可貴特徵。

文化的創造為生活，文化的應用在生活。離開生活就沒有文化。文化是個抽象的名詞，內而存於心，外而發於言，見於行。不知不覺自然流露，自然表現，所以稱之曰「化」。一言一默，一動一靜，無形中都受文化的影響。發於聲則為詩、為歌；見於行則為事；著於文則為典籍書冊，皆出於自然。聲可聞，事可見，但轉瞬消逝不復存。惟有著為典籍書冊者，既可行之遠，又能傳之久。後之人欲於耳目之外上知古之人古之事，則惟有求之於典籍，則典籍之於文化傳播，為惟一之憑藉。

中華民族明於理，重於情。人與人之間有相同的好惡，相同的感覺，相同的是非。因此，心與心相通，事與事相關，禍與福相共，甚至願望相求、知識、經驗、閱歷……等等，無一不想彼此相貫通、相交換、或相傳授。這是中國人特別著重的心理要求。大家一樣，這些心理要求，靠聲音、靠行動，都不能行之遠，傳之久。必欲達此目的，只有利用文字，著於典籍書冊了。書冊著成，心理要求達成了，自己的知識，經驗閱歷，乃至於情感、願望，一切藉文字傳出了。生命不朽，精神長存。可貴的中國文化，一代一代的寶貴經驗閱歷，皆可藉此傳播至無限遠，無窮久。因此，我認為中國古書即中國文化之結晶。

在讀者一面講，藉著典籍書冊，可與古人相交通，彼此心心相印，情感交流。最重要者應該說是文化的流傳，教訓的接納，成敗得失的鑒戒，都可由此得到收穫。我們要知道，文化是要積累進步的，不接受前人的經驗，和寶貴的知識學問，後人即無法得到積累的進步。一代一代積累下去，文化才有無窮的創造和進步。因此，讀書，讀古人書，讀千錘百鍊而不磨滅的書，遂成青年人不可忽視的要務。

古今文字有演變，文學風格，文字訓詁也有許多改變。讀起來不免事倍功半。近年朝野致力於文化復興，文化建設，讀古書即成最先急務。為了便利閱讀，把一部一部古書用今天的語言，今天的解釋，整理編印起來，稱為今註今譯。

本會故前副會長王雲五先生在其所主持的臺灣商務印書館，首先選定古籍十二種，予以今註今譯。本會學術研究出版促進委員會與教育部國立編譯館中華叢書編審委員會繼續共同辦理古籍今註今譯的工作，註譯的古籍仍委請臺灣商務印書館印行。連同王故前副會長主編註譯的古籍十二種，現已進行註譯者四十五種，共計五十七種。已出版者二十九種，在註譯審查中者二十八種，正分別洽催，希早日出書。此外，並進行約請學者註譯其他古籍。

民國七十年春，本會學術研究出版促進委員會與臺灣商務印書館數度磋商，並獲得教育部國立編譯館贊助，就已出版的二十九種古籍今註今譯，重加修訂。將以往間排版誤置、原稿遺漏、未經校正之處，均商請原註譯人重加校訂，原註譯人如已去世，則另約適當人選擔任。修訂完成，仍交臺灣商務印書館重新排印。初步進行修訂的書名及註譯者如下：

詩經今註今譯	馬持盈	孝經今註今譯	黃得時
尚書今註今譯	屈萬里	春秋公羊傳今註今譯	李宗侗
禮記今註今譯	王夢鷗	大戴禮記今註今譯	高　明
新序今註今譯	盧元駿	孟子今註今譯	史次耘
周易今註今譯	南懷瑾 徐芹庭	論語今註今譯	毛子水
春秋左傳今註今譯	李宗侗	大學今註今譯	楊亮功
中庸今註今譯	楊亮功	司馬法今註今譯	劉仲平
黃石公三略今註今譯	魏汝霖	孫子今註今譯	魏汝霖
尉繚子今註今譯	劉仲平	太公六韜今註今譯	徐培根
說苑今註今譯	盧元駿	荀子今註今譯	熊公哲
墨子今註今譯	李漁叔	韓詩外傳今註今譯	賴炎元
唐太宗李衛公問對今註今譯	曾　振	吳子今註今譯	傅紹傑

以上進行修訂者廿四種，將陸續出書。其餘五種，亦將繼續修訂。惟古籍整理的工作，極為繁重。因本會人力及財力，均屬有限，故在工作的進行與業務開展上，仍乞海內外學者專家及文化界人士，熱心參與，多多支持，並賜予指教。本會亦當排除萬難，竭誠勉力，以赴事功。

中華文化復興運動推行委員會秘書長　陳奇祿　謹序　中華民國七十二年十一月十二日

編纂古籍今註今譯序

古籍今註今譯，由余歷經嘗試，認為有其必要，特於中華文化復興運動推行委員會成立伊始，研議工作計畫時，余鄭重建議，幸承採納，經於工作計畫中加入此一項目，並交由學術研究出版促進委員會主辦。兹當會中主編之古籍第一種出版有日，特舉述其要旨。

由於語言文字習俗之演變，古代文字原為通俗者，在今日頗多不可解。以故，讀古書者，尤以在具有數千年文化之我國中，往往苦其文義之難通。余為協助現代青年對古書之閱讀，在距今四十餘年前，曾為商務印書館創編學生國學叢書數十種，其凡例如左：

一、中學以上國文功課，重在課外閱讀，自力攻求；教師則為之指導焉耳。惟重篇巨帙，釋解紛繁，得失互見，將使學生披沙而得金，貫散以成統，殊非時力所許；是有需乎經過整理之書篇矣。該館鑒此，遂有學生國學叢書之輯。

二、本叢書所收，均重要著作，略舉大凡；經部如詩、禮、春秋；史部如史、漢、五代；子部如莊、孟、荀、韓，並皆列入；文辭則上溯漢、魏，下迄五代；詩歌則陶、謝、李、杜，均有單本；詞則多采五代、兩宋；曲則擷取元、明大家；傳奇、小說，亦選其英。

三、諸書選輯各篇，以足以表見其書、其作家之思想精神，文學技術者為準；其無關宏旨者，概從刪削。所選之篇類不省節，以免割裂之病。

四、諸書均為分段落，作句讀，以便省覽。

五、諸書均有註釋；古籍異釋紛如，即采其較長者。

六、諸書較為罕見之字，均注音切，並附注音字母，以便諷誦。

七、諸書卷首，均有新序，述作者生平，本書概要。凡所以示學生研究門徑者，不厭其詳。

然而此一叢書，僅各選輯全書之若干片段，猶之嘗其一臠，而未窺全豹。及民國五十三年，余謝政後重主該館，適國立編譯館有今註資治通鑑之編纂，甫出版三冊，以經費及流通兩方面，均有借助於出版家之必要。商之於余，以其係就全書詳註，足以彌補余四十年前編纂學生國學叢書之闕，遂予接受；甫歲餘，而全書十有五冊，千餘萬言，已全部問世矣。

余又以今註資治通鑑，雖較學生國學叢書已進一步；然因若干古籍，文義晦澀，今註以外，能有今譯，則相互為用；今註可明個別意義，今譯更有助於通達大體，寧非更進一步歟？

幾經考慮，乃於五十六年秋決定為商務印書館編纂經部今註今譯第一集十種，其凡例如左：

一、經部今註今譯第一集，暫定十種，如左。

㈠詩經、㈡尚書、㈢周易、㈣周禮、㈤禮記、㈥春秋左氏傳、㈦大學、㈧中庸、㈨論語、㈩孟子。

二、今註仿資治通鑑今註體例，除對單字詞語詳加註釋外，地名必註今名，年份兼註西元；衣冠文物莫不詳釋，必要時並附古今比較地圖與衣冠文物圖案。

三、全書白文約五十萬言，今註假定占白文百分之七十，今譯等於白文百分之一百三十，合計白文連註譯約為一百五十餘萬言。

四、各書按其分量及難易，分別定期於半年內繳清全稿。

五、各書除付稿費外，倘銷數超過二千部者，所有超出之部數，均加送版稅百分之十。

以上經部要籍雖經一一約定專家執筆，惟蹉跎數年，已交稿者僅五種，已出版者僅四種，而每種字數均超過原計畫，有至數倍者，足見所聘專家無不敬恭將事，求備求全，以致遲遲殺青。嗣又加入老子莊子二書，其範圍超出經籍以外，遂易稱古籍今註今譯，老子一種亦經出版。

至於文復會之學術研究出版促進委員會根據工作計畫，更選定第一期應行今註今譯之古籍約三十種，經史子無不在內，除商務印書館已先後擔任經部十種及子部二種外，餘則徵求各出版家分別擔任。深盼羣起共鳴，一集告成，二集繼之，則於復興中華文化，定有相當貢獻。

惟是洽商結果，共鳴者鮮。文復會谷秘書長岐山先生對此工作極為重視，特就會中所籌少數經費，撥出數十萬元，並得國立編譯館劉館長泛弛先生贊助，允任稿費之一部分，統由該委員會分約專家，就此三十種古籍中，除商務印書館已任十二種外，一一得人擔任，計由文復會與國譯館共同負擔者十有七種，由國譯館獨任者一種。於是第一期之三十種古籍，莫不有人負責矣。嗣又經文復會決定，委由商務印書館統一印行。惟盼執筆諸先生於講學研究之餘，儘先撰述，俾一二年內，全部三十種得以陸續出版，則造福於讀書界者誠不淺矣。

文復會副會長兼學術研究出版促進委員會

主任委員 王雲五 謹識 民國六十一年四月二十日

「古籍今註今譯」序

中華民國五十五年十一月十二日，國父百年誕辰，中山樓落成。蔣總統發表紀念文，倡導復興中華文化，全國景從。孫科、王雲五、孔德成、于斌諸先生等一千五百人建議，發起我中華文化復興運動，冀使中華文化復興並發揚光大。於是，海內外一致響應。復由政府及各界人士的共同策動，中華文化復興運動推行委員會於民國五十六年七月二十八日，正式成立，恭推蔣總統任會長，並請孫科、王雲五、陳立夫三先生任副會長，本人擔任秘書長。

文化的內涵極為廣泛，中華文化復興的工作，絕不是中華文化復興運動推行委員會一個機構的努力可以達成的，而是要各機關社團暨海內外每一個國民盡其全力來推動。但中華文化復興運動推行委員會，在整個中華文化復興工作中，負有策畫、協調、鼓勵與倡導的任務。八年多來，中華文化復興運動推行委員會，本著此項原則，在默默中做了許多工作，然而卻很少對外宣傳，因為我們所期望的，不是個人的事功，而是中華文化的光輝日益燦爛，普遍地照耀於全世界。

學術是文化中重要的一環，我國古代的學術名著很多，這些學術名著，蘊藏著中國人智慧與理想的精華，象徵著中華文化的精深與博大，也給予今日的中國人以榮譽和自信心。要復興中華文化，就應該讓今日的中國人能讀到而且讀懂這些學術名著，因此，中華文化復興運動推行委員會，在其推行計畫中，即列有「發動出版家編印今註今譯之古籍」一項，並曾請各出版機構對歷代學術名著，作有計畫的整理註譯。但由於此項工作浩大艱巨，一般出版界因限於人力、財力，難肩此重任，王雲五先生為中華文化復興運動推行委員會副會長，並兼任學術研究出版促進委員會主任委員，乃以臺灣商務印書館率先倡導，將尚書、詩經、周易等十二種古籍加以今註今譯。（稿費及印刷費用全由商務印書館自行負擔。）然而，歷代學術名著值得令人閱讀者實多，中華文化復興運動推行委員會，遂再與國立編譯館洽商，共同約請學者專家從事更多種古籍的今註今譯，所需經費由中華文化復興運動推行委員會與國立編譯館中華叢書編審委員會共同負責籌措，承蒙國立編譯館慨允合作，經決定將大戴禮記、公羊、穀梁等二十七種古籍，請學者專家進行註譯，國立編譯館並另負責註譯「說文解字」及「世說新語」兩種。於是前後計畫著手今註今譯的古籍，得達到四十一種之多，並已分別約定註譯者。其書目為：

古籍名稱	註譯者	主編者
尚書	屈萬里	王雲五先生（臺灣商務印書館）
詩經	馬持盈	王雲五先生（臺灣商務印書館）
周易	南懷瑾	王雲五先生（臺灣商務印書館）
周禮	林尹	王雲五先生（臺灣商務印書館）
禮記	王夢鷗	王雲五先生（臺灣商務印書館）
春秋左氏傳	李宗侗	王雲五先生（臺灣商務印書館）
大學	楊亮功	王雲五先生（臺灣商務印書館）
中庸	楊亮功	王雲五先生（臺灣商務印書館）
論語	毛子水	王雲五先生（臺灣商務印書館）

春秋左氏傳	李宗侗	王雲五先生（臺灣商務印書館）
大學	楊亮功	王雲五先生（臺灣商務印書館）
中庸	楊亮功	王雲五先生（臺灣商務印書館）
論語	毛子水	王雲五先生（臺灣商務印書館）
孟子	史次耘	王雲五先生（臺灣商務印書館）
老子	陳鼓應	王雲五先生（臺灣商務印書館）
莊子	陳鼓應	王雲五先生（臺灣商務印書館）
大戴禮記	高明	中華文化復興運動推行委員會、國立編譯館中華叢書編審委員會
公羊傳	李宗侗	中華文化復興運動推行委員會、國立編譯館中華叢書編審委員會
穀梁傳	周何	中華文化復興運動推行委員會、國立編譯館中華叢書編審委員會
韓詩外傳	賴炎元	中華文化復興運動推行委員會、國立編譯館中華叢書編審委員會
孝經	黃得時	中華文化復興運動推行委員會、國立編譯館中華叢書編審委員會
國語	張以仁	中華文化復興運動推行委員會、國立編譯館中華叢書編審委員會
戰國策	程發軔	中華文化復興運動推行委員會、國立編譯館中華叢書編審委員會
列女傳	張敬	中華文化復興運動推行委員會、國立編譯館中華叢書編審委員會
新序	盧元駿	中華文化復興運動推行委員會、國立編譯館中華叢書編審委員會
說苑	盧元駿	中華文化復興運動推行委員會、國立編譯館中華叢書編審委員會
墨子	李漁叔	中華文化復興運動推行委員會、國立編譯館中華叢書編審委員會
荀子	熊公哲	中華文化復興運動推行委員會、國立編譯館中華叢書編審委員會
韓非子	邵增樺	中華文化復興運動推行委員會、國立編譯館中華叢書編審委員會
管子	李勉	中華文化復興運動推行委員會、國立編譯館中華叢書編審委員會
淮南子	于大成	中華文化復興運動推行委員會、國立編譯館中華叢書編審委員會
孫子	魏汝霖	中華文化復興運動推行委員會、國立編譯館中華叢書編審委員會
論衡	阮廷焯	中華文化復興運動推行委員會、國立編譯館中華叢書編審委員會

史記	馬持盈	中華文化復興運動推行委員會、國立編譯館中華叢書編審委員會
楚辭	楊向時	中華文化復興運動推行委員會、國立編譯館中華叢書編審委員會
商君書	賀凌虛、張英琴	中華文化復興運動推行委員會、國立編譯館中華叢書編審委員會
太公六韜	徐培根	中華文化復興運動推行委員會、國立編譯館中華叢書編審委員會
黃石公三略	魏汝霖	中華文化復興運動推行委員會、國立編譯館中華叢書編審委員會
司馬法	劉仲平	中華文化復興運動推行委員會、國立編譯館中華叢書編審委員會
尉繚子	劉仲平	中華文化復興運動推行委員會、國立編譯館中華叢書編審委員會
吳子	傅紹傑	中華文化復興運動推行委員會、國立編譯館中華叢書編審委員會
唐太宗李衛公問對	曾振	中華文化復興運動推行委員會、國立編譯館中華叢書編審委員會
文心雕龍	余培林	中華文化復興運動推行委員會、國立編譯館中華叢書編審委員會
說文解字	趙友培	國立編譯館中華叢書編審委員會
世說新語	楊向時	國立編譯館中華叢書編審委員會

以上四十一種今註今譯古籍均由臺灣商務印書館肩負出版發行責任。當然，中國歷代學術名著，有待今註今譯者仍多。只是限於財力，一時難以立即進行，希望在這四十一種完成後，再繼續選擇其他古籍名著加以註譯。

古籍今註今譯的目的，在使國人對艱深難解的古籍能夠易讀易懂，因此，註譯均用淺近的語體文，希望國人能藉今註今譯的古籍，而對中國古代學術思想與文化，有正確與深刻的瞭解。

或許有人認為選擇古籍予以註譯，不過是保存固有文化，對其實用價值存有懷疑。但我們認為中華文化復興並非復古復舊，而在創新。任何「新」的思想（尤其是人文與社會科學方面）無不緣於「舊」的思想蛻變演進而來。所謂「溫故而知新」，不僅歷史學者要讀歷史文獻，化學家豈能不讀化學史與前人化學文獻？生物學家豈能不讀生物學史與前人生物學文獻？文學家豈能不讀文學史與古典文獻？讀史與讀前人的著作，正是吸取前人文化所遺留的經驗、智慧與思想，如能藉今註今譯的古籍，讓國人對固有文化有充分而正確的瞭解，增加對固有文化的信心，進而對固有文化注入新的精神，使中華文化成為世界上最受人仰慕的一種文化，那麼，中華文化的復興便可拭目以待，而倡導文化復興運動的目的也就達成了。所以，我們認為選擇古籍予以今註今譯的工作，對復興中華文化而言是正確而有深遠意義的。

今註今譯是一件不容易做的工作，我們所約請的註譯者都是學識豐富而且對其所註譯之書有深入研究的學者，他們從事註譯工作的態度也都相當嚴謹，有時為一字一句之考證、勘誤，參閱與該註譯之古籍有關書典達數十種之多者。其對中華文化負責之精神如此。我們真無限地感謝擔任註譯工作的先生們，為復興文化所作的貢獻。同時我們也感謝王雲五先生的鼎力支持，使這項艱巨的工作得以順利進行。中華文化復興運動推行委員會所屬學術研究出版促進委員會，對於這項工作的策畫、協調、聯繫所竭盡之心力，在整個中華文化復興運動的過程中，也必將留下不可磨滅的紀錄。

谷鳳翔序於臺北市

中華民國六十四年八月十九日

目次

前言

一、司馬法是本什麼書

大學書中講格物、致知、誠意、正心、修身、齊家、治國、平天下。司馬法這本書，就是「治國、平天下」的書。所以漢書藝文志把此書列為禮部書不視作「兵法」。

「治國」是把國家諸事辦好，軍事亦國事之一。本書第一篇首先指出「以仁為本，以義治之之為正」，這說明立國要博愛世人作出發點；要用公益治國才是正理。本書接著說「正不獲意則權」，就是達不到「仁義」的目的時，就當使用手段了。「手段」就是「平天下」的「平」。

本書中的「天下」，是指「內中國外四夷」的世界說的，稱為「天下萬國」。不過這當時的萬國中有「賓國」，有「服國」，有「屬國」，有「諸侯國」，由這許多國共同擁戴一國君為「王」，稱作「天子」，要這天子負起「平天下」的大責任。正似現代的「世界聯合國」的理想，所差的只是假「民主的理事會」代替「王國的天子」罷了。張其昀先生解釋「天下」為「全人類」，很有道理。

「平天下」的平，就是使強國不得欺凌弱國，使眾人不得暴虐少數人，使人人都能得到公平合理的待遇。平天下的「手段」有許多種，最主要的手段卻是：「殺人安人，殺之可也；攻其國愛其民，攻之可也；以戰止戰，雖戰可也。」就是在不得已時，得用戰爭的手段來換取和平的目的。是以司馬法是中國自古以來的國家大憲章，尤其是「仁本」與「天子之義」的第一第二兩篇，都是說的「聯合王國的天子」要怎樣管理天下萬國。比現今有名無實的聯合國大憲章完善而有效的多。

二、書名解釋

「司」是掌管，「馬」是馬匹，掌管馬匹名為「司馬」。軍政中最急的事，古時為馬匹，所以掌軍政的官古稱「司馬」。本書稱司馬法就是國家軍政的法律，稱「司馬兵法」是不對的。

「司馬」一詞是中國古官名，主管國家軍事行政，相當於今的兼國防部長的副行政首長。相傳在西元前二五九八年少昊為天子時初次設置，使掌天下軍旅征伐諸事。堯、舜、夏、商各朝代都相沿設置。至周朝改稱「大司馬」，為「夏官」，和「天官大冢宰」、「地官大司徒」、「春官大宗伯」、「秋官大司寇」、「冬官大司空」並稱為「天子六卿」。

周代規定「夏官大司馬」的職權有三：「掌邦政；統六軍；平邦國。」周禮周官註云：「夏官卿主戎馬之事，掌國征伐，統御六軍，平治邦國。平謂『強不得凌弱，眾不得暴寡，而人皆得其平也』。『軍政』莫急於馬，故以『司馬』名官。何莫非『政』，獨『戎政』謂之政者，用以征伐而政彼之不正，『王政』之大者也。」可知「掌邦政」就是掌管國家的軍政。「統六軍」就是統帥天子所有的全部軍隊的軍令。「平邦國」就是平定征伐裁判整治諸侯國、屬國、服國以及賓國間的內憂外患，即戡亂、扶危、興滅、繼絕的軍法。可見周代的大司馬主管天子的軍政、軍令、軍法。因為周代的天子六軍各軍中，都設有「軍司馬」、「輿司馬」、「行司馬」等，分別執掌各軍各師、旅的軍政、軍令、軍法。所以稱軍事最高首長為「大司馬」。本書就是周代的司馬法，自然要包括各級司馬行動要領的規定的。

三、司馬法這本書

現今本司馬法共有五篇：是「仁本第一」；「天子之義第二」；「定爵第三」；「嚴位第四」；「用眾第五」。這「仁本」、「天子之義」、「定爵」、「嚴位」、「用眾」，都只是取本篇文中最前句中的文字來當篇名。和論語書的「學而」、「為政」，取篇中「學而時習之」、「為政以德」等概同。視作提要尚可，充作全篇的標題並不完全妥當。因為「仁本」與「天子之義」堪作第一第二篇的標題，那「定爵」、「嚴位」兩篇便不成了，第五篇的「用眾」也嫌勉強。

「仁本篇」首先提出中國古代用「仁」、「義」的居心和行為來建立國家。建國工作受到侵害，不得已才「行權應變」。行權應變到了武力作戰程度：為了「安人」就當「殺人」；為了「愛其民」就當「攻其國」；為了「制止戰爭」就當「使用戰爭」。這是全書的主旨，也是萬古長新的原則。不過古今來還沒有人像本書這樣的完善的說明的呢！

除去上述「立國主義」的大原則以外，「仁本」篇說的「聖天子」、「賢王」、「大臣」等如何管理天下萬國？這和第二篇的「天子之義」，及後三篇分散的許多條文，可以說都是「平天下」的天子應辦的事項呀！

「定爵篇」的內容是「平天下」的戰爭準備，講求建軍、治軍等要則。「嚴位篇」的內容是「平天下」的作戰指導，講求「道勝」「威勝」「力勝」的方策高下。「用眾篇」的內容則是「平天下」的戰場指揮，說明必須「力勝」的先決條件。

後三篇的結尾都有「自古之政也」一語，第一篇的中間也有這句話。是表明文中全是稱述古政。

四、本書的成書考證

周禮疏中說：「齊景公（在位五十八年自西元前五四七到前四九〇年）時，大夫穰苴作司馬法。」

史記司馬穰苴傳中說：「齊威王（在位三十六年自西元前三七八到前三四二年）使大夫追論古者司馬兵法，而附穰苴於其中，因號司馬穰苴兵法。」

漢書藝文志禮部，有軍禮司馬法百五十五篇，中有古司馬法百三十篇。王應麟注中說：「周官縣師，將有軍旅會同田役之戒，則受法於『司馬』，以作其眾庶。『小司馬』掌事如『大司馬』之法。『司馬』受兵『從司馬』之法以頒之。此古者司馬法，即周之政典也。」

隋書藝文志中說：「司馬法亦河間獻王所得。」隋、唐諸志中都說：司馬法為司馬穰苴所撰。

孫星衍說：「古有黃帝兵法、太公六韜、周公司馬法。」意思中是說：司馬法為周公所撰。

劉寅序司馬法直解說：「司馬法者，周『大司馬』之法也。周武既平殷亂，封太公於齊，後子伋為齊侯，故其法傳於齊。桓公之世管仲用之，變為節制之師，遂能九合諸侯一匡天下。景公之世田穰苴用之，又變為權詐之兵，遂能卻燕、晉之師。景公以穰苴有功，封為『司馬』之官，後世子孫號為司馬氏，至齊威王追論古司馬法，方成此書。又遠述穰苴所學，遂有穰苴書數十篇，今世所傳兵家者流是也。書中分『權謀』，『形勢』，『陰陽』，『技巧』四種，非此司馬法也。」

根據這些資料，本書完成在齊威王時代，即西元前三七八年以後為可信的。原作是姜太公與周公，追述成書為齊威王諸大夫。由後世合併成為現存的五篇的。

五、本書的評價

本書係周初（西元前一一四〇年後）草稿，戰國齊威王初（西元前三七八年後）成書，迄今已有三千一百十餘年，周武王本此原理要則伐紂滅商，周公本此書的原則，以東征平亂，建立周王朝八百年制度；齊桓公、齊景公、齊威王也本此要則成就霸業，以後用此書創立基業救民水火的代有其人，多人用本書文句註證孫子兵法。書中的用博愛的仁心立國，用公益的義行治國，是中國歷來遵行的憲政原則，「守之者昌，違之者亡」的。還有「殺人安人，殺之可也；攻其國愛其民，攻之可也；以戰止戰，雖戰可也。」深入中國人心的戰爭認識，自是聯合國大憲章不可或缺的大原則，所以有將本書今註今譯的必要。

本書有憲法性質，在漢書藝文志列入禮部不入兵書業經認定。在君主時代中，中國人能創立出此萬古長新的世界聯合國大憲章，不能不說是中國文化上的一份光榮。書的內容看不出有削剪痕跡，由他書中引用本書辭句證明，確有散失。惟書中所分篇章並不夠理想，簡單些，該分為：第一篇總綱；第二篇天子的權利義務；第三篇公職人員；第四篇權限區分；第五篇重大國策。

今將本書逐句註解，按段今譯完畢，特向讀者簡報，本書的「立國原則」，「治國原則」，「和平處世原則」，「戰爭觀」都是可教導現世界各國的。那君主時代的天子，今為全體人民，權利義務相同，行使方式不同罷了。至於「公職人員的權責」，「國防政策」，「練兵原則」，「統御原則」，「用兵原則」，「作戰原則」，都是現代人應該詳細明瞭的呀！

仁本第一（第一篇　立國主義與治國）

原文

古者，以仁為本以義治之之為正。正不獲意則權。權出於戰，不出於中人，是故：殺人安人，殺之可也；攻其國愛其民，攻之可也；以戰止戰，雖戰可也。故仁見親，義見說，智見恃，勇見方，信見信。內得愛焉，所以守也；外得威焉，所以戰也。戰道：不違時，不歷民病，所以愛吾民也；不加喪，不因凶，所以愛夫其民也；冬夏不興師，所以兼愛民也。故國雖大，好戰必亡；天下雖安，忘戰必危。

天下既平，天子大愷，春蒐秋獮；諸侯春振旅，秋治兵。所以不忘戰也。

古者：逐奔不過百步，縱綏不過三舍，是以明其禮也；不窮不能而哀憐傷病，是以明其仁也；成列而鼓，是以明其信也；

爭義不爭利，是以明其義也；又能舍服，是以明其勇也；知終知始，是以明其智也。六德以時合教，以為民紀之道也。自古之政也。

先王之治，順天之道；設地之宜；官民之德；而正名治物；立國辨職，以爵分祿。諸侯說懷，海外來服，獄弭而兵寢，聖德之治也。

其次，賢王制禮樂法度，乃作五刑，興甲兵，以討不義。巡狩省方，會諸侯，考不同。其有失命亂常，背德逆天之時，而危有功之君，徧告于諸侯，彰明有罪。乃告于皇天上帝，日月星辰，禱于后土四海神祇，山川冢社，乃造于先王。然後冢宰徵師于諸侯曰：「某國為不道，征之。以某年月日，師至于某國會天子正刑。」

冢宰與百官布令於軍曰：「入罪人之地，無暴神祇，無行田獵，無毀土功，無燔牆屋，無伐林木，無取六畜、禾黍、器械。見其老幼，奉歸勿傷。雖遇壯者，不校勿敵。敵若傷之，醫藥歸之。」

既誅有罪，王及諸侯修正其國，舉賢立明，正復厥職。

王、伯之所以治諸侯者六：以土地形諸侯；以政令平諸侯；以禮信親諸侯；以材力說諸侯；以謀人維諸侯；以兵革服諸侯。同患同利以合諸侯，比小事大以和諸侯。

會之以發禁者九：憑弱犯寡則眚之；賊賢害民則伐之；暴內陵外則壇之；野荒民散則削之；負固不服則侵之；賊殺其親則正之；放弒其君則殘之；犯令陵政則絕之；外內亂、禽獸行，則滅之。

仁本第一(一)

古者(二)，以仁(三)為本(四)，以義(五)治之(六)之為正(七)。正不獲意(八)則權(九)。權出於戰(十)，不出於中人(十一)，是故(十二)：殺人安人(十三)，殺之可也⑭；攻其國⑮愛其民⑯，攻之可也；以戰止戰⑰，雖戰可也。故⑱仁見親⑲，義見說⑳，智見恃㉑，勇見方㉒，信見信㉓，內得愛焉㉔，所以守也㉕；外其得威焉㉖，所以戰也㉗。

【今註】㈠仁本第一：「仁本」為篇名，因本篇第一章首句是「古者以仁為本以義治之之為正。」取「仁本」二字為篇名，正如論語的取「學而時習之」的「學而」，孟子取「孟子見梁惠王」的「梁惠王」為篇名相同。這是古書的通例，不一定像孫子十三篇各篇有總題目的命意的。所稱「第一」，這只是排定篇的次序，有的版本僅印篇名「仁本」不載第幾字樣。㈡古者：「古」是本書成文時的古代，也就是中國在西元前五百年以前，直推到西元前二六九八年軒轅黃帝建國以前，都是本書所指的古。「古者」的「者」，則是廣指唐堯、虞舜、夏禹、商湯，與周朝的文王、武王、周公等，創業垂統所制定立國主義的人們。㈢仁：「仁」者愛人，博愛之謂「仁」，克己復禮之謂「仁」。「仁」就是博愛。博愛到「民吾同胞，物吾與也」的仁民愛物。㈣以仁為本：樹的連根帶幹部分稱「本」。「以」是使用。用博愛作根本的是指執政者的立國主義，本書中所指的執政者是古帝王，他們的立國主義都是用博愛作出發點的。㈤義：順理而行謂之「義」，「義」就是力行當做的事。㈥以義治之：「治」是管理，「之」是指「立國主義」的王國天下。用合理而當做的力行，來處理王國天下的內外事。㈦之為正：「之」字和上「之」字不同了，此「之」字乃專事總結「以仁為本，以義治之」

兩詞而有，可視為「是」字。「正」即正常、正經、正當、正確、正大，並有惟一不二的意味，今言「立國主義」即是此字。⑧不獲意：「獲」是完全取得。「意」是所欲願的方向。「不獲意」就是不能一一的符合理想。⑨則權：「則」作「就」字用，不如彼就如此，有相反變化必底於成的積極性。「權」是古時的鉈陀，有制衡輕重功力，所以稱「道之常者為經」，「反經合道的事為權」。凡有所憑藉而使用其勢力的人亦稱為權。有變更正常行為力的概稱為權。可視作是「不矯情不背理的反常手段」。⑩權出於戰：「戰」是戰爭，「權出於」是表現到成熟的手段。⑪不出於中人：中間說合，和平奔走的人們是為「中人」，即今「和談」。此言和平無望，必得出現戰爭手段時。⑫是故：「是」字指以上和平絕望必得從事戰爭言。「故」字表示必得像下列的條件去作。⑬殺人安人：為救助受害人使之得到安全，而需要剷除那殘害別人的人們。「人」字乃廣指人民、人類言，此屬平亂型。⑭殺之可也：「也」字是古文中最肯定的語氣。「可也」二字就是符合反經合道的反常手段。「殺之」的「之」字指殘害良善人民的壞人們。⑮攻其國：「攻」是進兵攻擊，目的在擊破。「其國」指殘害人民的壞人們的國家組織。此屬弔民伐罪的救民型。⑯愛其民：為了愛護其他國家的人民，而發兵去攻打其他人民的國家，使被愛護的人民獲得安全，這反常手段乃是仁義道德上所許可的。⑰以戰止戰：使用戰爭的手段，去制止那已發動或未發動的戰爭，雖屬用毒攻毒，但是還有不背仁義的效用。⑱故：有以上的諸原因，所以有下列的諸結果。⑲仁見親：博愛的仁心被對方接受，而對方有向心親近的表現。⑳義見說：「說」為「悅」，古字通用。順理而行的事，會受到羣眾擁護、悅服。㉑智見恃：足智多謀，為遠近人所信賴、倚恃。㉒勇見方：敢作有為，使遠近人願歸向、效法。㉓信見信：信實誠篤，得遠近人所信仰、信任。㉔內得愛焉：「內」指國境內的人們，「焉」字加強語式。言由博愛而得到國內人民的愛戴。㉕所以守也：「守」就是保國自固，「所以」是依上述條件。㉖外其得威焉：「外」指國境範圍以外，言由存仁行義已樹立聲威，使域外人們對我愛敬誠服。㉗所以戰也：有戰必勝的條件，所以方可從事戰爭。

【今譯】 第一篇　立國主義與治國

中國在西元前二六九八年到西元前五〇〇年的時代中，各創立「立國主義」的人們，正常的，都用博愛為出發點，力行他該當做的事，來治理他王國的天下。正常的方法行不通，就該使用變常的手段。手段表現到必須戰爭，不再有和平談判餘地時候，那麼就有下列三個原則可遵守的了：

一、殺了違法亂紀的人，使好人得到安全，那殺是對的；

二、攻打鄰國去拯救鄰國人民，那攻打是對的；

三、用戰爭手段去制已發生或未發生的戰爭。雖是用毒攻毒，也是對的。

能如上邊所說的話，博愛便為人所親近了，有理的行事便為人悅服了，謀畫便為人所仰仗了，作為便為人所取法了，信用便為人所信任了。這樣的得到境內人民的愛戴，可以守國了；得到境外人民的威服，當然可對外作戰了。

戰道㈠：不違時㈡，不歷民病㈢，所以愛吾民也㈣；不加喪㈤，不因凶㈥，所以愛夫其民也㈦；冬夏不興師㈧，所以兼愛民也㈨。故，國雖大㈩，好戰必亡⑪。天下⑫雖安⑬，忘戰必危⑭。

【今註】㈠戰道：作戰的道理，即作戰原則，方略。也就是今人說的「遠程戰略」的「政略」。㈡不違時：「時」即天時。晝夜、晦明、晴雨、寒暑、氣象、期限等都講求順應，不可違反。㈢不歷民病：「歷」即經過，「病」即致命的苦痛，不讓人民經歷苦難。㈣所以愛吾民也：是為了愛自己的民力。㈤不加喪：敵國有喪事，不對其加兵。㈥不因凶：「凶」是災害，「因」是乘機，不乘敵被災的危難時機。㈦所以愛夫其民也：「其」指敵國，是推愛及敵國人民。㈧冬夏不興師：「興師」即起兵動眾，冬季苦寒，墮指裂膚，夏季酷暑，炎熱多病，不宜興師動眾。㈨所以兼愛民也：「兼」乃一人並顧兩面，這就是愛自己人民也同時愛到敵國的人民。㈩國雖大：既使國家強大。⑪好戰必亡：「好」為嗜好。「必亡」乃必然亡滅其國。⑫天下：「天下」指宇內外，即國家疆域的內外。⑬天下雖安：「安」，安定太平意。⑭忘戰必危：「忘戰」指忘卻戰備說，「危」即危險。忘了備戰必定陷國家人民於危險災害中，能免於亡，全憑僥倖。

【今譯】作戰的道理：不違反天時氣象，不令人民多受苦害，這是愛本國人民的；不乘敵喪亂，不乘敵災難，這是愛及敵國人民的；天寒地凍時，溽暑炎熱時，不興兵動眾，這是對敵我人民兩愛的。

雖然如此，卻不可好戰，不可忘戰。

國家再強大，好戰必然滅亡；世界再安定，忘記備戰必陷危境。

天下既平㈠；天子㈡大愷㈢，春蒐㈣秋獮㈤；諸侯㈥春振旅㈦，秋治兵㈧。所以不忘戰也。

【今註】 ㈠天下既平：宇內外各邦國強不得凌弱，眾不得暴寡，而人都得平靖安和，是謂天下既平。㈡天子：中國古代各國諸侯共同擁戴的元首尊稱。㈢天子大愷：「愷」同「凱」，樂歌名，釋怒而悅的意思。出師有功，先奏愷樂歌於社前，獻長養萬物佳音，是為大愷，舉國為歡。㈣春蒐：「蒐」是春天圍獵演武的一種，春初天子率眾集合壯丁年年舉行，春日圍獵操演，示不忘戰。㈤秋獮：「獮」是秋天圍獵演武的一種，每年秋季天子率眾集合壯丁舉行秋日圍獵操演，示不忘戰。㈥諸侯：天子所分封的公、侯、伯、子、男爵位國家的君主，稱為「諸侯」。㈦春振旅：「振旅」即班師，亦即伺候天子春蒐畢，帶兵回國，途中先教戰，後教耕。㈧秋治兵：「治兵」即編組成軍旅，參加天子秋獮大閱，準備隨天子或方伯征伐。

【今譯】 域內外雖是太平，國家的元首已令大奏成功的愷歌，可是武備還是要按期演練，每春初、秋末舉行元首大閱，諸侯依命參加大閱，春歸務農，秋末組軍復出隨征，這就是全國上下的不忘戰。

古者㈠：逐奔㈡不過百步㈢，縱綏㈣不過三舍㈤，是以㈥明其禮也㈦；不窮不能㈧，而哀憐傷病㈨，是以明其仁也㈩；成列而鼓(十一)，是以明其信也(十二)；爭義不爭利(十三)，是以明其義也(十四)；又能舍服(十五)，是以明其勇也(十六)；知終知始(十七)，是以明其智也(十八)。六德(十九)以時合教(二十)，以為(二十一)民紀之道(二十二)也。自古之政也(二十三)。

【今註】 ㈠古者：古代領軍作戰的人們。㈡逐奔：「逐」是追趕，「奔」是戰敗逃跑的敵人。㈢不過百步：不超過跑步的一百步遠。㈣縱綏：「縱」是放開手，「綏」是馬轡索，指放馬馳車意。㈤三舍：古時行軍一日三十里為舍宿營，稱為一舍。三舍即九十里路程。㈥是以：由此。㈦明其禮也：表示出他的有理性有節制。㈧不窮不能：不窮竭人的能力，不強人死於不能作的事。㈨哀憐傷病：臨敵決鬭必有傷，調理不時必生病，不分敵我而哀憐施以救助。㈩明其仁也：顯示出他的博愛精神。(十一)成列而鼓：陣式擺列整齊為「成列」。「鼓」是擊鼓進攻。言要等待敵人列好隊，我軍再向敵進攻，求公平作戰。(十二)明其信也：顯示出他的有信守，有信用，有信心。(十三)爭義不爭利：爭取公理得伸直，不求獲得利益。(十四)明其義也：顯示出他的正當，有理。(十五)舍服：「舍」同赦，免其罪許其生之意。「服」即降服。(十六)明其勇也：顯示出他的不怕留有後患。(十七)知終知始：「知終」即知戰爭的必勝，「知始」即知戰爭的可用。孫子十三篇一書就是完全申述這個理論。(十八)明其智也：顯示出他的先知，先覺。㊈六德：指上述的禮、仁、信、義、勇、智六種德行。㊉以時合教：「以時」即隨時，「合教」即合併六德的使命來教導全軍全國實行，不可偏取誤解，亦不可偏廢錯誤。㊁以為：認為，認作，當是之意。㊂民紀之道：「紀」即綱紀，民紀之道即如今日之憲法大綱，全國上下共同遵守的。㊂自古之政也：政，國家的大事，自古代以來，司馬法規定的即是如此。

【今譯】古來指揮作戰的人們：戰陣追擊不過一百步，戰場追敵不過九十里，由此表示出軍隊有節制；不窮人力，不強人所不能，更救助敵我的受傷及抱病的人，這顯出國人偉大的博愛精神；給敵方公平作戰機會，這顯示國人作戰必勝的信心；爭真理，不爭私利，這顯示國人無私的正義感；敵人降服就免追其罪，這顯示國人的寬大勇敢；能審知後果，察知始因，先有準備，這顯出國人深遠的智慧。對上說的六種德行，同時合併的教導國人實行，認為這是人類大憲章必具的條件。這都是中國自古以來司馬法中所規定的國家大事。

先王㊀之治㊁：順天之道㊂；設地之宜㊃；官民之德㊄；而正名治物㊅。立國辨職㊆，以爵分祿㊇。諸侯說懷㊈，海外來服㊉，獄弭㊁而兵寢㊂。聖德之治也㊂。

【今註】㊀先王：以前的諸侯共同擁戴的君王，廣指唐堯、虞舜、夏禹、商湯、周文王、周武王來說的。㊁先王之治：前代君王的辦理國事方法。㊂順天之道：「順」即順從。「天」之道四時自然運行，萬物自然化生，執政人當順從陰陽的時間，排出寒暑的節氣，推測風雲氣象的變化，使人民保安防災。㈣設地之宜：「設」即今建設。「宜」乃應該作的事要作得很好之意。就像是試驗改善水土的地利，熟認險易的地形，測量廣狹的地勢，明辨遠近，生死的地理，都是在地面該作的措施。㈤官民之德：「官」即徵聘為公務員來管理公務。「民之德」即人民應有的福利。計有天官大冢宰（首相），地官大司徒（內政），春官大司農（財經），夏官大司馬（國防外交教育），秋官大司寇（司法），冬官大司空（建設監察），稱六卿，以分治政事。㈥而正名治物：「而」，緊承上三項言，即上三事舉便該正人、地、時的名分，任命眾卿，辨理祈福、防患，物類的生產、使用、交易等了。㈦立國辨職：「國」，諸侯轄境以內土地意。「立國」即封建諸侯各國，使成為地方政府，率土地人民服事中央政府的帝王。地方政府的職位，有方伯、諸侯。方伯由諸侯兼任，可代替中央領導一方。㈧以爵分祿：「爵」是諸侯的爵位，一等爵為公，二等為侯，三等為伯，四等為子，五等為男爵。「祿」是俸祿，也就是封地多廣，周朝分祿是公爵受封數百里，侯百里，伯七十里，子、男五十里，有不足五十里的小國不必親自朝貢，得託鄰近大國諸侯代達，稱為某諸侯國的附庸。㈨說懷：「說」同「悅」，「懷」即懷念，悅德懷威之意。㈩海外來服：「海外」指四海以外的外邦，「來」是遠道前來，「服」是表示欽敬願意修好。⑪獄弭：「獄」即刑罰治罪，「弭」音枚，是消滅之意。⑫兵寢：「兵」即兵器及軍隊，「寢」即休息不用。⑬聖德之治也：有聖人德行的君王辨理天下國家的成績是如此的。

【今譯】先代帝王辦理天下國家大事：是順著自然的天道；建設地面上該作的措施；徵聘有能有德的人為官；即任命眾卿來辦理人民福利。更分建各諸侯國，使分治一地方，或一方面，用公、侯、伯、子、男五等爵位，分封給地方大小賦貢多寡的俸祿。

這樣，諸侯對王自然悅服懷德，遠在海外諸邦自然前來致敬修好，監獄空，軍隊備而不用。這就是聖德天子的治世呀！

其次，賢王㈠：制禮樂法度㈡，乃作五刑㈢，興甲兵㈣以討不義㈤。巡狩㈥省方㈦，會諸侯㈧，考不同㈨。其有㈩失命亂常⑪，背德逆天之時⑫，而危有功之君⑬，偏告于諸侯⑭，彰明有罪⑮，乃告于皇天上帝⑯，日月星辰⑰。禱于后土⑱四海神祇⑲，山川冢社⑳。乃造于先王㉑。然後冢宰㉒徵師㉓于諸侯曰㉔：「某國為不道㉕，征之㉖。以某年月日㉗，師至于某國㉘，會天子正刑㉙。」

【今註】㈠其次，賢王：比聖王天子差一等的是賢明的君王。㈡制禮樂法度：「制」是創造，「禮」是禮節，「樂」是音樂，「法」是法令，「度」是制度。㈢乃作五刑：「乃」，緊接上詞。「作」即製作。古代用面上刺墨、割鼻、斷肢、割生殖器、殺頭為五種刑罰。㈣興甲兵：「興」即動用，「甲」即武裝，「兵」即兵器軍隊。㈤以討不義：對叛亂加兵行刑為「討」，「不義」即作壞事有罪之人。㈥巡狩：「巡」是視察，「狩」是守有的地面，天子出巡名。㈦省方：「省」，觀察尋訪意。「方」，地方風俗習慣意。㈧會諸侯：天子狩東就會東方諸侯，聽取報告，指示改善。其未狩各方，常令方伯代會諸侯。㈨考不同：要求諸侯同曆日、同法律、同度量衡。考正不同，使各國相同。㈩其有：就中倘若有一二個不同的諸侯。㈡失命亂常：「失命」即未聽從命令。「亂常」即擾亂正常的人倫秩序。㈢背德逆天之時：「背德」即違反道德的行為，如驕奢縱慾，暴虐殘民是。「逆天之時」是不順天時的奉行正朔，推占氣象。㈢而危有功之君：「危」是危害，「危有功」即嫉功害賢。「君」指其中不德諸侯。㈣徧告于諸侯：「徧告」即通告，「諸侯」指所有各諸侯。㈤彰明有罪：「彰明」即表彰明白使人共知。㈥乃告于皇天上帝：人知更要天上神知。㈦日月星辰：「日」即太陽，「月」即月球，「星」即宇宙眾星，「辰」即北極星。㈧禱于后土：「禱」即低聲祝告。「后土」即土地神。㈨四海神祇：「四海」即東西南北四方之海。「神」主物，「祇」主地，都是神。㈩山川冢社：名山大川巨冢各有神。「社」指諸侯慶豐年祭土神穀神的所在，通常稱為「社稷」。㈡造于先王：到祖廟中向祖先各王請求夢示，是為「廟算」。㈢冢宰：首相，時亦名宰相。㈢徵師：調用軍隊。㈣曰：徵兵令文中說。㈤某國為不道：「某」，犯罪國名。「不道」就是背德犯罪。㈥征之：要求去擊破了他。㈦以某年月日：要求受徵諸侯軍到達日期。㈧師至于某國：要求受徵諸侯軍到達地點。㈨會天子正刑：「會」是參加，「天子正刑」是元首或元首的代表，對犯罪的諸侯公開的執行刑典，是即明正典刑。

【今譯】次聖王一等的賢王，就創立了禮節、音樂、法令、制度，更製作五等刑罰，動用武裝兵器，去討伐不守規矩的人們。元首還按年各地巡察採訪，集諸侯開會，考核不進步的促他進步。就中倘有違抗命令違紀作亂的，違背道德不奉正朔的，嫉功害賢的諸侯君，就普遍的通告各諸侯，公布他的罪狀。並告知天上的上帝，日月星辰，默禱在地神、四海神、山川冢社神前，更到祖先各王廟中計議，然後才命首相下達徵調諸侯軍隊的命令說：

「某國君作為不法，該擊破他。在某年月日，貴國出兵當到達某國某地，參加元首對某國的明正典刑。」

冢宰與百官㈠布令㈡於軍㈢曰：「入罪人之地㈣，無暴神祇㈤，無行田獵㈥，無毀土功㈦，無燔牆屋㈧，無伐林木㈨，無取六畜㈩、禾黍⑪、器械⑫。見其老幼奉歸勿傷⑬。雖遇壯者不校勿敵⑭。敵若傷之，醫藥歸之⑮。」

【今註】㈠冢宰與百官：自首相到各單位首長。㈡布令：用命令公告，使眾周知。㈢於軍：對於軍隊中每一從軍的人。㈣入罪人之地：指攻入犯罪的國土以內。㈤無暴神祇：「無」同勿，禁止之意。「暴」即暴虐。「神祇」指所有人民所信奉的供神設備來說。㈥無行田獵：起圍為「田」，射取為「獵」。在罪人國舉行圍獵乃是奪取該國的公有物。㈦無毀土功：「毀」為損壞，「土功」即民力建設的公用建造物。㈧無燔牆屋：「燔」就是燒，「牆」與「屋」蓋多用草木結成。㈨無伐林木：「伐」是砍伐。㈩六畜：馬、牛、羊、雞、犬（狗）、豕（豬）為六種家畜。㈡禾黍：結糧的農作物。㈢器械：器具，機械。㈢奉歸勿傷：送回其住所，禁止傷害。㈣不校勿敵：「校」是較量，即是抵抗。「勿敵」即禁止和不抵抗的人敵對作戰。㈤醫藥歸之：給他裹傷，給他用藥，並送他回去。

【今譯】首相與各主管官，宣布作戰命令於軍隊中說：

「進入罪人地境後，別暴虐各神，別舉行圍獵，別破壞公用建築，別焚燒籬舍，別砍伐樹木，別奪取牲畜、草穀、家具。遇到罪人國的老人、幼童，勸他們各自回家，不要傷害他們。就是遇到罪人國的壯年人，不從事抵抗的也不和他為敵。倘若為敵作戰傷了他，也要為他裹傷敷藥送他回家去。」

既誅有罪㈠，王㈡及諸侯㈢修正其國㈣。舉賢㈤立明㈥，正復厥職㈦。

【今註】㈠既誅有罪：「誅」就是殺，「既誅有罪」就是已經把有罪國的有罪人殺了。㈡王：古時元首稱王。㈢諸侯：地方諸國的國君稱為「諸侯」。此地指從王征討有罪國的從征諸國君。㈣修正其國：有罪國的所以有罪，是由思想行為不正。既已殺了有罪人，當先修正那過去的大錯。㈤舉賢：推薦，選拔那有才能俊秀的賢人擔任輔佐臣。㈥立明：「立」是扶起，「明」是明白事理的國君。

㈦正復厥職：「正」是一切善後已經正常。「復」是恢復。「厥職」即原來的諸侯國所守的治國安民向天子臣服納貢職務。

【今譯】 有罪的既經殺掉，元首和從征的諸侯，就修正有罪國的乖錯，選舉賢臣，扶立明君，使他們進入正常狀況，恢復原先的諸侯國職責。

王、伯㈠之所以治諸侯者㈡六：以土地形㈢諸侯；以政令平㈣諸侯；以禮信親㈤諸侯；以材力說㈥諸侯；以謀人維㈦諸侯；以兵革服㈧諸侯。同患㈨同利㈩以合⑪諸侯，比小⑫事大⑬以和⑭諸侯。

【今註】 ㈠王、伯：「王」即共主的元首，當時稱作天子，或稱帝王，後世稱皇帝。「伯」也寫作「霸」，王委用諸侯為方面諸侯長的國君，時稱「方伯」，如西伯侯，北方伯等是。有代天子征諸侯之權。㈡治諸侯者：管理諸侯的權責。㈢以土地形：形容成大小強弱富貧，都由封地不同而定。當時天子自選有土地方千里。各諸侯百里、七十里、五十里、不到五十里不等，形成大小強弱富貧諸國。㈣以政令平：「政」是眾人的事。「令」是命令要求眾人得做不得做的規定。規定強不得凌弱，眾不得暴寡，彼此平靖相處，和睦善鄰，互相平等。㈤以禮信親：各諸侯要向天子朝覲入貢，要和鄰國結盟聘報，講禮守信，去親近元首與諸國。㈥以材力說：「說」同「悅」，愉快之意。「材力」指人民有才能力量的人。是言元首、方伯當重用賢才，來使諸侯悅懷，不生為惡作亂念頭。㈦以謀人維：「維」是維繫既有的局面。「謀人」是具有深謀遠慮的人，用智計來使各諸侯和平相處。㈧以兵革服：「兵革」就是武裝部隊，「服」就是壓迫使他必得服從。㈨同患：有災難大家同當。㈩同利：有利益大家同享。(十一)合：會合來定盟約。(十二)比小：「比」是並排意思。「小」是小國。「比小」就是說大國與小國平等相待，平起平坐。(十三)事大：小國要事奉大國。(十四)和：和睦相處。

【今譯】 元首、方伯具有管理諸侯的六種方法：

一是用土地的大小形成諸侯國的強弱；

二是用政令的規定平均諸國的勢力；

三是用禮節和盟約親密諸侯國的關連；

四是用賢才俊傑的人息去諸侯國的惡念；

五是用深謀遠慮的人維繫諸侯國的和協；

六是用武裝部隊征服諸侯國的武力。

總是要同患難，同利益的去會合各諸侯國；使大國尊重小國，小國事奉大國的去和睦各諸侯國。

會之㈠以發禁者㈡九：憑弱㈢犯寡㈣則眚之㈤；賊賢害民㈥則伐之㈦；暴內陵外㈧則壇之㈨；野荒民散㈩則削之(十一)；負固不服(十二)則侵之(十三)；賊殺其親(十四)則正之(十五)；放弒其君(十六)則殘之(十七)；犯令陵政(十八)

則絕之⑲；外內亂⑳禽獸行㉑則滅之㉒。

【今註】㊀會之：指會合各諸侯。㊁以發禁者：「發」是發表，「禁」是禁令。這是預作防備的約法，等於聯合國大憲章的禁令處罰章。㊂憑弱：「憑」是欺凌，「弱」是國土小的國家。㊃犯寡：「犯」是侵犯，「寡」即人數少的國家。㊄眚之：「眚」音省，四面削其國土使之瘦弱意。㊅賊賢害民：不用賢反而害賢為「賊賢」，不愛民反而虐民為「害民」，是貪逞不望治國安民的國君。㊆伐之：大張旗鼓聲揚其罪，去打倒他。㊇暴內陵外：「暴內」就是在他國內賊賢害民，「陵外」就是對鄰國恃強凌弱依眾暴寡。㊈壇之：「壇」，空地中土臺，即捕囚該國的君，另立賢君。⑩野荒民散：「野」指田地，「荒」是無人耕種。「民散」是人民被災害逃散四方。⑪削之：分削該國的國土，貶降該國君的爵位職司。⑫負固不服：「負」是背著。「固」是山川城池堅固或荒遠。「不服」是不服從元首及方伯的指揮。⑬侵之：不展旗鳴鼓兵攻其國土為「侵」。⑭賊殺其親：近親屬遠親屬都當愛敬的。無罪而自私殺害致死為「賊殺」。⑮正之：即正其罪，科應得的罪。⑯放弒其君：逐君為「放」，殺君為「弒」，就中必由叛亂。⑰殘之：「殘之」即摧殘，擊滅意。⑱犯令陵政：故意抗命為「犯令」。拒行王化政令為「陵政」，指不服行王化的異邦。⑲絕之：有的版本「絕」字為「杜」字。杜絕該邦和鄰國往還，使受圍困孤立。⑳外內亂：外內紊亂，是該國政治已無可救。㉑禽獸行：該國上下又不行人道而行同禽獸。㉒滅之：「滅」是息滅，使全覆亡，即毀壞該國國家組織，將土地人民分給別國。

【今譯】 元首、方伯會合諸侯所發布的禁令有九種：

一是有敢強凌弱眾暴寡的，就四面削小他的封土；

二是有敢殘殺賢良迫害人民的，就公告罪狀去攻打他；

三是有敢暴虐國人陵侮外鄰的，就囚其君換新君；

四是有敢使田野荒蕪人民離散的，就分割其國土貶其君爵位；

五是有敢負固恃險不服王命的，就不時出兵去攻占其國土；

六是有敢賊殺其親屬的，就科他應得罪而正式執行；

七是有敢放逐或殺害其君的，就摧殘擊滅了他；

八是有敢冒犯王命陵侮王化的，就杜絕孤立他；

九是有敢致其國外內紊亂，導國人如禽獸行的，就毀滅其國家組織，分其土地人民給別國。

天子之義第二（第二篇　元首應做的事）

原文

天子之義，必純取法天地，而觀於先聖。士庶之義，必奉於父母，而正於君長。故雖有明君，士不先教，不可用也。

古之教民：必立貴賤之倫經，使不相陵；德義不相踰；材技不相掩；勇力不相犯。故力同而意和也。

古者，國容不入軍，軍容不入國，故德義不相踰。上貴不伐之士，不伐之士，上之器也。若不伐則無求，無求則不爭，國中之聽，必得其情，軍旅之聽，必得其宜，故材技不相掩。從命為士上賞，犯命為士上戮，故勇力不相犯。

既致教其民，然後謹選而使之。事極脩則官給矣。教極省則民興良矣。習慣成則民體俗矣。教化之至也。

古者，逐奔不遠，縱綏不及。不遠則難誘，不及則難陷。以禮為固，以仁為勝。既勝之後，其教可復，是以君子貴之也。

有虞氏戒於國中，欲民體其命也。夏后氏誓於軍中，欲民先成其慮也。殷誓於軍門之外，欲民先意以待事也。周將交刃而誓之，以致民志也。夏后氏正其德也，未用兵之刃，故其兵不雜。殷義也，始用兵之刃矣。周力也，盡用兵之刃矣。夏賞於朝，貴善也。殷戮於市，威不善也。周賞於朝，戮於市，勸君子，懼小人也。三王章其德一也。

兵不雜則不利，長兵以衛，短兵以守。太長則難犯，太短則不及。太輕則銳，銳則易亂。太重則鈍，鈍則不濟。

戎車，夏后氏曰鈎車，先正也。殷曰寅車，先疾也。周曰元戎，先良也。

旂，夏后氏玄首，人之執也。殷白，天之義也。周黃，地之道也。

章，夏后氏以日月，尚明也。殷以虎，尚威也。周以龍，尚文也。

師多務威則民詘，少威則民不勝。上使民不得其義，百姓不得其敘，技用不得其利，牛馬不得其任，有司陵之，此謂多威。多威則民詘。上不尊德而任詐慝，不尊道而任勇力，不貴用命而貴犯命，不貴善行而貴暴行，陵之有司，此謂少威。少威則民不勝。軍旅以舒為主，舒則民力足，雖交兵致刃，徒不趨，車不馳，逐奔不踰列，是以不亂。軍旅之固，不失行列之政，不絕人馬之力，遲速不過誡命。

古者，國容不入軍，軍容不入國。軍容入國則民德廢，國容入軍則民德弱。故在國言文而語溫，在朝恭以遜，修己以待人，不召不至，不問不言，難進易退。在軍抗而立，在行遂而果，介者不拜，兵車不式，城上不趨，危事不齒。故禮與法表裏也。文與武左右也。

古者，賢王明民之德，盡民之善，故無廢德，無簡民，賞無所生，罰無所試。有虞氏不賞不罰而民可用，至德也。夏賞而不罰，至教也。殷罰而不賞，至威也。周以賞罰，德衰也。賞不踰時，欲民速得為善之利也。罰不遷列，欲民速覩為不善之害也。大善不賞，上下皆不伐善。上苟不伐善，則不驕矣；下苟不伐善，則亡等矣。上下不伐善若此，讓之至也。大敗不誅，上下皆以不善在己。上苟以不善在己，必悔其過；下苟以不善在己，必遠其罪。上下分惡若此，讓之至也。

古者戍兵三年不典，覩民之勞也。上下相報，若此，和之至也。得意則愷歌，示喜也。偃伯靈台，答民之勞，示休也。

天子之義第二㊀

天子㊁之義㊂，必純㊃取法天地㊄，而觀於先聖㊅。士庶之義㊆，必奉於父母㊇，而正於君長㊈。故雖有明君㊉，士不先教⑪，不可用也⑫。

【今註】㊀天子之義第二：「天子之義」為篇名，取自本篇開頭的首句。解說見本節的註㊁、註㊂。

「第二」為篇的次序。㈡天子：中國古代元首的尊稱。㈢天子之義：就是元首應當努力去做的事。這該是現代立憲國家在憲法中規定元首的權利義務章。㈣純：純粹，全部意。㈤取法天地：「取法」，照樣去實行意。「天」即「順天之道」，今人所說的「人心歸向」「世界潮流」，稍近古人的「天」。「地」即「設地之宜」，今人所說的「民生樂利」「物阜民康」，稍近古人的「地」。㈥而觀於先聖：「而」緊接著之意。「觀」，概略參看之意。「先聖」指古代對人類生活有大改造貢獻的偉人。㈦士庶之義：古代把民間有知識有實力人員稱為「士」，把民眾稱為「庶」。「士庶之義」就是一般人民應當努力去作的事。㈧必奉於父母：「奉」順從尊事之意。所云「弟子入則孝」是。㈨正於君長：「正」是求指正。「君」指國君。「長」指兄長師友。「正於君長」即求君及師友教正，有所取法，為國效力。即今所云「盡其國民義務」是。㈩明君：明瞭保國衞民的國君。⑪士不先教：「教」是教育，教育民間有知識有實力的人，使懂得怎樣保國衞民為第一優先。不先教士便不能保國衞民。⑫用也：指用士保國衞民。

【今譯】　第二篇　元首應做的事

元首應做的事，當完全順著世界潮流，參酌往聖的成績，去爭取民生樂利。士民們應做的事，當孝順父母，到外邊效法師友為國家盡其應盡義務。

這樣的上下人各盡天職還不夠，還得教民會保國衞民。否則，縱然有了賢明的元首，不先教會人民保國保家，仍是不能用民消除內亂抵禦外患的。

古之教民㈠：必立貴賤㈡之倫經㈢，使不相陵㈣；德義㈤不相踰㈥；材技㈦不相掩㈧；勇力㈨不相犯㈩。故力同㈡而意和㈢也。

【今註】㈠教民：教育人民，使能負起保國衞民的責任。㈡必立貴賤：貨物價值高低的區分，故「貴賤」二字都有貝。人本無貴賤，依智能分高下，所以有如貨物的貴賤原因，是分職司專責任。今名為「階級高低」「責任輕重」。㈢倫經：「倫」就是類別，「經」是經常不變的設施。今不叫「倫經」，改叫「紀律」。㈣陵：侵犯之意。㈤德義：「德」在求心安理得，「義」在求成功得當。㈥踰：超越之意。㈦材技：「材」是賢能有用的人，「技」是有專門技術的人。㈧掩：掩蔽，遮蓋之意。㈨勇力：果敢有為稱作「勇」，是性格的。一勇匹夫是為「力」，是個人體力。㈩犯：抗命犯上意。㈡力同：力量團結，協同一致的意思。㈢意和：意志集中，和衷共濟的意思。

【今譯】古代的教民保國衞民，必定先立職位服從的紀律，使各守分寸不相侵犯；分清什麼是個人修養有得於心的德，什麼是行得其當的義，使能區別不相超越；認得誰是賢能的通才，誰只是專門技術人才，使能各展所長不相掩蓋；知道誰處事勇敢果決，誰只是一個力士，使能各盡所能不相冒犯。能如此，那力量一致，意志集中了。

古者㈠國容㈡不入軍㈢，軍容㈣不入國㈤，故德義不相踰㈥。上㈦

貴不伐之士㊇，不伐之士，上之器也㊈，若㊉不伐則無求⑪，無求則不爭⑫，國中之聽⑬必得其情⑭，軍旅之聽⑮必得其宜⑯。故材技不相掩⑰。從命⑱為士上賞⑲，犯命⑳為士上戮㉑，故勇力不相犯㉒。

【今註】㊀古者：指古代教民的方法。㊁國容：國家立國精神稱為「國容」，即第一篇第一句的「以仁為本」的立國主義，尚博愛的仁德，不求急功時效。㊂不入軍：不進入軍隊去，即不實行在軍中。㊃軍容：即軍隊精神，尚急功重實效，專講事宜如何，不講博愛的德行。㊄軍容不入國：不用治軍的精神來治國。㊅德義不相踰：治國尚德，治軍尚義，義超過德就是用治軍精神治國，其失過剛，成為「軍國主義」。德超過義就是用治國精神治軍，其失在柔，成為無威武招致外患引出內亂的「失敗主義」。所以必得使兩者各不相超越。㊆上：指元首或諸侯君，及為別人長官的人。㊇不伐之士：不矜誇自己功能的人。㊈上之器也：上級所器重的。㊉若：他這個人之意。⑪無求：無什麼乞求貪圖。⑫不爭：不爭別人的功績。⑬國中之聽：「聽」是聽訟，在國中聽訟，要提出判決，必得實情，才得公正。⑭必得其情：「情」指實際情形。⑮軍旅之聽：作戰中在軍中論功斷訟。⑯必得其宜：必聽到他的真正事實才會有適當處置。⑰材技不相掩：才能的人顧及全般，技術人士重視局部，彼此同力合作，不相掩飾。⑱從命：服從命令。⑲為士上賞：「士」指軍中人士，

「上賞」即重賞。⑳犯命：冒犯命令，即故意違抗命令。㉑為士上戮：「戮」即殺戮，為軍人最重的處分。㉒勇力不相犯：勇士從命不單獨銳進，力士從命不輕舉爭強，是勇力不犯上不互相冒犯了。

【今譯】古代教民方法：不用治國方法治軍，也不用治軍方法治國，所以不會失在過剛或過柔。為上級的要重視那不自誇有功能的人，因為不自誇的人方是上等器才，他不自誇便沒有貪求，沒貪求便和人無爭執，使在國內聽斷事務必能得人民的實情，在軍旅中聽斷事務必能得正當的處置，所以通才偏才都不會埋沒。

服從命令列為軍人的上等獎賞，干犯違背命令列為軍人上等刑戮，所以那勇士力士都會守紀律了。

既致教其民㊀，然後謹選㊁而使之㊂。事極脩㊃則官㊄給矣㊅。教極省㊆則民興良矣㊇。習慣成㊈則民體俗矣⑩。教化⑪之至也。

【今註】㊀既致教其民：「既」是已經。「致」是做到。「教」是教誨保國衛民的方法和智能。「其民」指元首下的全民而言。㊁然後謹選：教而後用，所以稱「然後」。「謹選」為謹慎的從中選擇優秀的人士。㊂而使之：「而」字緊承上文「謹選」二字來，即謹慎使用這選擇出來的人士。㊃事極脩：「脩」同「修」，即修整準備。事指糧服器械等。㊄官：武經七書本為「百官」。㊅則官給矣：「給」是供給，如天候氣象，地圖地誌，嚮導通譯、戰用補充、保健醫療等都由主管官供應。㊆教極省：「省」即簡單明瞭，使人易懂易會。㊇則民興良矣：「民」受教的人，「興」即興趣，

「良」即改善。㈨習慣成：學習熟練成為自然的習慣動作。㈩則民體俗矣：「體」是體會，認為成為時興的風俗。㈡教化：「教」是教育，分有身教、言教、文教等知能傳授。「化」是種誘導、影響而引起的變化，自動學習仿效。

【今譯】 已經盡心竭力的教育民眾，然後再謹慎的選拔、謹慎的使用他們。軍用各事，要極周到的由主管官整備了。教育各項，要極簡明的由受教人有改進興趣了。制度已成習慣，要很自然的由民眾當做時行風俗。這樣的教化算最好了。

古者㈠，逐奔不遠㈡，縱綏不及㈢。不遠則難誘㈣，不及則難陷㈤。以禮為固㈥，以仁為勝㈦。既勝之後㈧，其教㈨可復㈩。是以㈡君子㈢貴之也㈢。

【今註】 ㈠古者：指古代戰場統帥。㈡逐奔不遠：追擊戰敗逃跑的敵人，第一篇中說「逐奔不過百步」，百步約百五六十公尺，是稱「不遠」。㈢縱綏不及：放馬馳車追趕敵人，第一篇中說「縱綏不過三舍」，即追趕不過三天行程共九十里每天追三十里。「不及」就是追趕不上。㈣不遠則難誘：戰法中有「用利引誘對方入伏」的方法。不遠追擊便無法成為引誘伏擊。㈤不及則難陷：戰法中有「能示不能，用示不用」的陷敵方法，不追及敵人，得保自己的行動自由，不受誤陷。㈥以禮為固：戰爭的守勢目標在爭禮，即爭取公理。「固」即牢守意，即牢守住公理。㈦以仁為勝：戰爭的攻擊目的在自救救人，達到自救救人的博愛主義，方是爭取勝利的目的。㈧既勝之後：已經勝利的以後。㈨其教：指本篇各章教民的教化法。㈩可復：可以復用。⑪是以：因為這樣，所以……。⑫君子：德高望重的人。此地指國家領袖等人。⑬貴之也：價值高而貴。「貴之也」即被重視這些教化的。

【今譯】 古代作戰，陣內追擊不遠，戰場追蹤不著。追擊不遠就不會中敵人誘我入伏的計謀，追蹤不著就不會讓敵人陷我入深的泥淖。守勢作戰當用爭取公理為作戰目標；攻勢作戰當用自救救人的博愛主義作為爭取勝利的目的。既然爭取到勝利，那些教民的教化法，仍然可以復用。因為這樣，所以一些德高望重的人，都重視這些教化了。

有虞氏㈠戒㈡於國中㈢，欲民體其命也㈣。夏后氏㈤誓㈥於軍中㈦，欲民先成其慮也㈧。殷㈨誓於軍門之外㈩，欲民先意以待事也⑪。周⑫將交刃而誓之⑬，以致民志也⑭。夏后氏正其德也⑮，未用兵之刃，故其兵不雜⑯。殷義也⑰，始用兵之刃矣⑱。周力也⑲，盡用兵之刃矣⑳。夏賞於朝㉑，貴善也㉒。殷戮於市㉓，威不善也㉔。周賞於朝，戮於市，勸君子，懼小人也㉕。三王㉖章㉗其德㉘一也㉙。

【今註】 ㊀有虞氏：有虞古地名，舜受封其地。「氏」是族的系別。中國史家因帝舜建國都在虞阪，故稱舜（為帝在西元前二二五五年至前二二〇七年）為有虞氏。㊁戒：告誡，勸勉意思。告訴人民，將有戰事，預作參加的準備。㊂國中：國內各人。㊃欲民體其命也：希望人民體念到上命將到的。㊄夏后氏：大禹的後人，各繼承父業世為君王，史家稱為夏后氏，並稱夏代（自西元前二二〇五到前一七六七年）。㊅誓：宣告必如此做的作戰命令所措的言詞。㊆軍中：軍隊以內為「軍中」，是先組成軍隊，而後才宣告必要做的事情。㊇欲民先成其慮也：希望人民先完成君王所慮的事。㊈殷：商成湯有天下後的國號。稱殷代亦即商代（自西元前一七六六到前一一二三年）。㊉軍門之外：軍營門以外為「軍門之外」，即列陣將戰之地亦即臨戰的以前。⑪欲民先意以待事也：希望人民先齊一意志去迎接戰事的來臨。⑫周：武王有天下以後的國號，史稱周代（自西元前一一二二到前二四七年）。本書就完成在周初時代到春秋末期中。⑬將交刃而誓之：刃是兵器上的鋒刃，敵我兵刃相接為交刃。將交刃是敵我接近到很近的時候，而誓之是告知必須做到的事情。⑭以致民志也：用逼迫人民必得立下死裏求生的志氣呀。⑮正其德也：戰爭是端正君王的寬柔教化。⑯未用兵之刃，故其兵不雜：雖用兵征而不事殺人，所以兵器不多。⑰義也：戰爭是爭持何為適當的公理。⑱始用兵之刃矣：開始殺戮了。⑲力也：戰爭成為武裝較力。⑳盡用兵之刃矣：盡量的殺戮了。㉑朝：君臣聚議國政的廳堂稱為朝堂，簡稱「朝」。㉒貴善也：重視良善的行為，使百官都給他鼓勵。㉓市：庶民集聚交易的場地，今稱為市場。㉔威不善也：恐嚇不良善的人們不敢做壞事。㉕勸君子，懼小人也：使君子行善受到德惠，小人畏罪也勉作善事。㉖三王：指夏代諸王，殷代諸王與周代諸王。㉗章：表彰使更明顯。㉘其德：就是自救救人的博愛主義。㉙一也：目的是一個樣的。

【今譯】虞舜時代的作戰命令，是勸告式的，在國內下達，希望人民體念君王的困難，自動應命為國效力。夏代的作戰命令是強迫式的，在組成的軍隊中下達，希望人民先完成君王所憂慮的任務。商代的作戰命令也是強迫式的，在軍隊出動列陣處下達，希望人民先齊一意志迎接戰爭。周代的作戰命令更是強迫式的，在和敵人將要交鋒時才下達，用使人民必得立下死裏求生的志氣。

夏代的作戰目的在推廣德化，端正德行，用不到殺人，所以軍隊數量不多兵器也簡單。商代的作戰目的在爭公理，對於不講理的便開始殺了。周代的作戰目的已是用武裝力量去征服敵方，便盡量的殺人了。

夏代行獎賞在朝堂上，只重視善行就夠了。商代繼承夏末的殘暴，非殺不足以治惡，所以殺惡人在熱鬧集市，嚇阻人民作壞事呀！周代看到夏代的太寬，商代的太嚴，才採用夏的寬商的嚴使寬嚴並行，勸好人，嚇阻壞人了。

以上的三代諸王的作戰法則各不相同，但他們要表明自救救人的博愛德行是一個樣的。

兵㈠不雜㈡則不利㈢，長兵以衛㈣，短兵以守㈤。太長則難犯㈥，太短則不及㈦。太輕則銳㈧，銳則易亂㈨。太重則鈍㈩，鈍則不濟⑪。

【今註】㊀兵：指兵器。也可比喻作使用的兵力。㊁不雜：不多，不複雜。㊂不利：不管用。本書的古時有五種主要兵器：一弓矢；二殳（音束，棍杖）；三矛（槍）；四戈（鈎刀）；五戟（矛戈合一）。有利的使用是：「弓矢禦；殳矛守；戈戟助，五兵五當，長以衛短，短以救長，迭戰則久，皆戰則強。」㊃長兵以衛：長桿兵器為長兵，適於保衛持短兵的人進攻。從用兵來說，攻勢欲兵長。㊄短兵以守：短柄兵器為短兵，適於守禦持長兵人的孔隙。從用兵來說，守勢欲兵短。㊅難犯：難於使用。㊆不及：達不到。㊇銳：尖銳輕利疾速。㊈易亂：輕而易舉不夠持重，所以容易生亂。⑩鈍：遲鈍笨重難發。㊁不濟：渡及彼岸為「濟」，「不濟」即不濟事未成功。

【今譯】兵器不多摻雜使用就不管用。長柄的兵器常用在攻，短柄的兵器常用在守。兵器太長就不好使用，太短就搆不到敵人。太輕巧就疾速尖銳容易發生變亂，太厚重就動作遲鈍不能成功。

戎車㊀，夏后氏曰鈎車㊁，先正也㊂。殷曰寅車㊃，先疾也㊄。周曰元戎㊅，先良也㊆。

【今註】㊀戎車：「戎」音榮，用車作戰為「戎」。「戎車」即古戰車。車駕四馬，車上乘戰士三人，一人執弓矢為車長，一人執戈或戟為車右（副車長），一人執轡為御（趕車）。車下有徒步卒七十二人（小戎五十人），二十四人為前拒（警戒掩護隊），二十四人為左角（左搜索隊），二十四人為右角（右搜索隊），此為一乘的馳車。此乘尚有一後車，用四牛駕行，稱為輜車，編有炊子（造飯送飯）十人，廄養（馬牛飼養）五人，樵汲（採柴給水）五人，守裝（器材修護補充）五人，全乘共百人，四馬、四牛、兩車，是為「一乘」。戎車乃專指馳車來說，五十三戰士車一駟稱「小戎」，七十五戰士車一駟稱作「元戎」。㊁鈎車：戎車只編有「前拒」及「左角」。共一車四馬五十一人。㊂先正也：首先著眼在正常的進攻。忽略防護力及持續力。㊃寅車：戎車已編有「前拒」、「左角」、「右角」，計一車四馬七十五人。㊄先疾也：首先著眼在迅速完成戰功，忽略持續力。㊅元戎：「元」為完整齊全之意。即在馳車的一車四馬七十五人的後方，增編輜車一輛，牛四頭，炊子十人，廄養五人，樵汲五人，守裝五人。使戎車人馬有持續作戰能力。㊆先良也：首先注意到良好的作戰整備。

【今譯】 用兵車的編組來說：夏代只有警戒掩護的「前拒」，和一側搜索的「左角」，是著眼在正常的進攻。商代也只有警戒掩護的「前拒」，和兩側搜索的「左角」、「右角」，是著眼在迅戰速決。周代就編組完全了，就是在商代馳車後方加輛四牛拉的「輜重車」，有十個造飯送飯的廚子，五個飼養馬牛的伕子，五個採柴給水的輸卒，還有五個修護器材的技工，使得兵車有了作戰攻防力以外，還有了遠征的持續力量。

旂㊀，夏后氏玄首㊁，人之執也㊂。殷白㊃，天之義也㊄。周黃㊅，地之道也㊆。

【今註】 ㈠旂：同「旗」，桿上懸布，用以指示軍隊行止，左右，進退，迴旋的信號。中軍旂稱「帥旂」，指揮全軍，亦名「軍旗」。「大旗」是三軍司命。左右軍有左右旓，指揮本軍，也稱「方旗」。每乘旂在馳車由車長掌管，指揮全乘，並和友乘連絡。乘內各隊各有小旂，指揮本隊連絡友隊。㈡玄首：「玄」是黑色，玄首是用黑色為頭號，指揮以下各種顏色旂。㈢人之執也：「執」是執掌。「人之執」即憑執掌旂的人來分辨，再行轉達。㈣白：就是一律使用白色旂。㈤天之義也：「天」是天候。「義」是適合。沒有昏暗看不清黑旂的毛病，也不用辨別轉達的不明及費時。㈥黃：即黃色。㈦地之道也：「地」是土地。「道」是道理。即因白旂著灰塵變成灰黑，不明識別旂號。為求適合地理環境易於晝夜昏暗辨別，乃採用黃色。

【今譯】 軍中號令指揮用的「旂」，夏代用黑色為首，依次各色，是由掌旂人分辨轉達的。商代一律採用白色，認為適合各種天候中辨別容易的。周代一律用黃色，在反光避塵土方面，是很適宜地理環境的。

章㈠，夏后氏以日月㈡，尚明也㈢。殷以虎㈣，尚威也㈤。周以龍㈥，尚文也㈦。

【今註】 ㈠章：即識別本軍中人的證章、腰牌、兵符令、識別證件、符號名牌等均是。本書所指的「章」還只是軍衣前後胸上的「補章」。㈡日月：「日」是太陽，「月」是月球。㈢尚明也：注意的只是識別分明。㊃虎：老虎是兇猛的野獸，繪形為章，有嚇敵人馬，長自己威風的作用。㊄尚威也：注意到壯威士氣。㊅龍：龍是人類未見過的神物，能行雲、致雨、發雷、閃電，使敵望而畏懼，不敢抵抗。㊆尚文也：崇尚文化戰爭的心理作戰了。

【今譯】軍人前後胸上的識別章，夏代是畫日月圖形，只注意在明白識別。商代畫老虎圖形，在明白識別外，還有增加威風作用。周代就畫人類未看見過的神物龍形，在明白識別，增加威風以外，更具有神祕的心理戰作用。

師㊀多務威㊁則民詘㊂，少威㊃則民不勝㊄。上㊅使民不得其義㊆，百姓㊇不得其敘㊈，技用㊉不得其利⑪，牛馬⑫不得其任⑬，有司⑭陵之⑮，此謂多威，多威則民詘。上不尊德⑯而任詐慝⑰，不尊道⑱而任勇力⑲，不貴用命⑳而貴犯命㉑，不貴善行㉒而貴暴行㉓，陵之有司㉔，此謂少威，少威則民不勝。軍旅以舒為主㉕，舒則民力足㉖，雖交兵致刃㉗，徒㉘不趨㉙，車㉚不馳㉛，逐奔不踰列㉜，是以不亂㉝。軍旅之固㉞，不失行列之政㉟，不絕人馬之力㊱，遲速不過誡命㊲。

【今註】㊀師：軍隊的通稱。古兵制：五旅為師，五師為軍。一師有二千五百人。㊁多務威：即過事威嚴。㊂民詘：「詘」音屈，窮屈意。「民詘」即人民望軍隊而生畏，不知所措。㊃少威：「少」，武經七書為「小」。「少威」即不嚴肅。㊄民不勝：人民對軍隊狎玩不重視。㊅上：指元首及國家在上位的人們。㊆使民不得其義：使用人民不得當。㊇百姓：一般民眾。㊈不得其敘：「敘」是次第，服役沒得到公平次敘。㊉技用：「技」是一般技術，「用」是使用器械的技術。⑪不得其利：「利」是利益，服行任務沒因能力致效果。⑫牛馬：曳輜重車的牛，曳戰鬪車的馬。⑬不得其任：「任」是責任，使不得盡責任以任重致遠。⑭有司：即主管單位。⑮陵之：「陵」是欺凌，即汙辱應守的職位，欺凌人民。⑯尊德：尊重有修養有品行的人。⑰而任詐慝：「任」是信任。「慝」音忒。「詐慝」即是既奸險欺瞞又惡毒邪行的人。⑱道：由此到彼的路為「道」，此地作謀畫用。⑲勇力：信心和力氣。⑳用命：盡忠職守，服從命令的人。㉑犯命：故意違背命令的人。㉒善行：救人濟世的良善行為。㉓暴行：殘害別人的暴虐行為。㉔陵之有司：凌辱到主管的人員。㉕軍旅以舒為主：古時五百人為旅，五旅為師，五師為軍。軍有萬二千五百人。此「軍旅」指軍中大小單位說，即軍隊上下單位都用寬舒平穩的沉著為主要要求。㉖舒則民力足：不過剛、不柔弱的沉著，能使那人民的力量十足的為國所用。㉗雖交兵致刃：「交兵」是敵我接觸相戰。「致刃」就是到了彼此用兵刃相傷害。㉘徒：步兵。㉙不趨：不急進。㉚車：戰車。㉛不馳：不快跑。㉜逐奔不踰列：追擊敗逃的敵人，自己兵不超越行列。㉝不亂：次序不會紊亂。㉞軍旅之固：上下單位確實掌握屬下，有節制，自然堅固。㉟行列之政：縱隊為「行」，橫隊為「列」，進止左右不會紊亂是為「行列之政」。㊱不絕人馬之力：「絕」，竭盡至斷裂意。㊲誡命：「誡」，嚴格的囑咐意。「命」是命令。

【今譯】軍隊過分重視威嚴，那人民便受不了。忽視威嚴，那人民便看輕了軍隊。在上位的人，使人民服役不得當，一般人民便不得知入營的次序；技能材用的人便不得展他長處；牛馬也不得使上力量。主管的人這樣浪費辱職，這是過分重視威嚴的毛病，人民當然委屈難伸。在上位的人不尊重敦品勵行的人，而信任奸詐邪惡的人；不尊重有智謀道法的人，而信任勇猛有力氣的人；不上賞服從命令之人，而重視犯上抗令的人；不寶貴救人救世的善良行為，而寶貴殘害別人的暴虐行為。這樣凌辱主管官的職權，就是軍隊不威嚴，使人民看不起軍隊。軍中大小單位都是拿寬舒平穩的沉著為主要要求。惟有不過剛不柔弱的沉著，才能以十足的用上人民的力量。就是在戰場作戰，也要步不急進，車不輕發，追擊不超越作戰的排列，所以沉著便不紊亂。由以上所述，是使軍中上下的鞏固方法，在有節制的確實掌握住成行成列的基本教練；不使人馬過力的使用最後氣力；戰場上要有進退遲速都不違背軍命的沉著。

古者㊀國容不入軍㊁，軍容不入國㊂。軍容入國則民德廢㊃，國容入軍則民德弱㊄。故在國㊅言文㊆而語溫㊇。在朝㊈恭以遜㊉，修己以待人⑪，不召不至⑫，不問不言⑬，難進易退⑭。在軍⑮抗

而立⑯。在行⑰遂而果⑱，介者不拜⑲，兵車不式⑳，城上不趨㉑，危事不齒㉒。故禮㉓與法㉔表裏也㉕，文與武㉖左右也㉗。

【今註】㈠古者：古代的執掌國政的人們。㈡國容不入軍：不用治國方法去治軍。㈢軍容不入國：不用治軍方法來治國。㈣民德廢：「民德」即人民的福利，今天所謂的「民權」是。「廢」是棄擲不再保有。㈤民德弱：「弱」是衰弱。民權雖存，在保障上卻無力量。㈥在國：在創立國家立國精神的時候。㈦言文：立意要文明美好。㈧而語溫：措詞要溫雅和平。㈨在朝：在君臣議論政事的朝堂會場上。㈩恭以遜：「恭」是恭敬。「遜」是謙和。⑪修己以待人：「修己」是自飭及反己工夫，用「己所不欲勿施於人」的自反自省去對待別人。⑫不召不至：人貴自重不便輕進，故無事不受召不到君上的面前。⑬不問不言：不有問題不輕發言。⑭難進易退：見可進而後進，不求個人前程。不得行志就退位讓賢。是在朝堂進取為難得，退縮為常。⑮在軍：在軍隊中。⑯抗而立：「抗」指說話對答抗聲直言，並站立不講究溫文。意在重任在身，不敢敘禮有礙職守。⑰在行：在軍隊的行列中，即陣中。⑱遂而果：「遂」為說做就做的實行，「果」為當機立斷的果決。不講求恭敬謙讓。⑲介者不拜：「拜」是行禮，「介」是甲冑戰裝，即在陣中穿戰裝服行任務的人，不須行禮，免致妨礙任務。⑳兵車不式：「式」是平時乘車人所行的禮節，「兵車」就是戰鬥用車，即乘在戰車上的人，要注意全般情況變化，不須行平常禮節。㉑城上不趨：「城」是防守的工事，「城上」

即戰陣中，「趨」是急進行禮，即在城上為守概免離位行禮。㉓危事不齒：戰爭危急時，遇事不序年歲大小。㉔禮：「禮」是合情合理行為，可以視作情理。㉕法：「法」是法律，注重在刑罰，很少講情理。㉖表裏也：「表」是向外的面，「裏」是內裏。「表裏也」，有互為表裏的意思。㉗文與武：古代以禮、樂、射、御、書、數六藝的教化為「文」，稱文治。以兵力平定暴亂，制止侵略為「武」，故由止戈字合成，講武功不講武治。㉘左右也：即左右兩手的互相為用意。

【今譯】 古代執國政的人們，不用治國方法去治軍，也不用治軍方法來治國。如果用治軍方法治國，那人民福利的民權就被剝奪了。如果用治國方法治軍，那人民福利的民權就沒有保障了。因為這樣：在國家創制立國精神的時候，立意要文明華美，措詞要溫雅和平。

在計議政事的朝堂上，為君的要恭敬每個人的職位，態度謙和，凡事先求自己心安，自己所不願意的，不要加到別人身上。為臣子的要不受召命不到君前，沒有問題不濫發言，不為個人求前程發展，隨時準備退位讓賢。

在軍隊中的人，是已任務在身，應對上級抗禮，照常的執行已立定的職務，不能講求溫文恭遜。在作戰的行列中人，要實行徹底，斷事果決，服行任務不須行禮，乘戰車要注意全般情況也不須行進行禮，城牆上防守概不離開位置行禮，因戰爭是危事，成功第一，不序誰長誰幼的年齒。

就因為這樣，所以說：情理、法制，乃是治國治軍一體兩面，互為表裏的；文教、武力，乃是保國衛民的左右手呢！

古者㈠賢王㈡明民之德㈢，盡民之善㈣。故無廢德㈤，無簡民㈥。賞無所生㈦，罰無所試㈧。有虞氏㈨不賞不罰，而民可用，至德也㈩。夏賞而不罰，至教也⑪。殷罰而不賞，至威也⑫。周以賞罰，德衰也⑬。賞不踰時⑭，欲民速得為善之利也⑮。罰不遷列⑯，欲民速覩為不善之害也⑰。大善不賞⑱，上下皆不伐善⑲。上苟⑳不伐善，則不驕矣㉑；下苟不伐善，則亡等矣㉒；上下不伐善若此，讓之至也㉓。大敗不誅㉔，上下皆以不善在己㉕。上苟以不善在己，必悔其過㉖；下苟以不善在己，必遠其罪㉗；上下分惡㉘若此，讓之至也。

【今註】㈠古者：指古時各代言。㈡賢王：賢明的元首們。㈢明民之德：「明」是明白張揚開讓人人皆知。「民之德」即造福人羣的人民福利。㈣盡民之善：「盡」是悉數採取毫無遺漏之意。「民之善」即人民所最喜愛的人或事情。㈤無廢德：沒有人民享不到的福利。㈥無簡民：沒有被疏忽簡慢了的人民意願。㈦生：發生。㈧試：開始使用前的練習使用。㈨有虞氏：舜為天子的國號。㈩至德也：最盛的功德。⑪至教也：最好的教化。⑫至威也：最嚴的威風。⑬德衰也：感化人民的力量衰退了。⑭賞不踰時：言立刻行賞。⑮欲民速得為善之利也：情況變化無常，爭取速得為善之利不僅勸善，且獎勵未來的有利情況。㈥罰不遷列：「列」指作戰行列，即隊伍。㈦欲民速覩為不善之害也：「覩」，親眼得見。㈧大善不賞：「大善」指作戰大捷。武經七書本「善」字為「捷」。㈨伐善：自己破壞所得的戰果。㈩苟：設若。㈪則不驕矣：「驕」，放縱誇張。㈫則亡等矣：「亡」同「無」。「等」，彼此一樣。㈬讓之至也：「讓」，謙和。㈭大敗不誅：「大敗」上下皆有罪。「誅」即是求而殺之。㈮不善在己：自己反省。㈯必悔其過：改過遷善以戴罪圖功。㈰必遠其罪：「遠」是離開不再接近。㈱分惡：分別負擔大敗的責任。

【今譯】 古代的賢明元首們，明白公布什麼是人民福利，盡量採取人民的意願。所以人民沒有享不到的福利，沒有遺疏忽意願，獎賞事蹟無由發生，懲罰手段無所試用。舜為元首時代，不行賞不興罰，而人民都樂為其用，那是最盛大的功德感召所致。夏代只行賞不行罰，是最良好的教導化育功能哪！商代只罰而不行賞，是最嚴格的威風逼迫哪！周代賞罰並用，是功德感召人民的力量已很微薄了。

行賞要即時，好令人民速得到為善的好處。行罰要當場，好令人民速看到為不善的害處。大捷的勝利不行賞，因不賞所以上下都不會自己誇張。在上位的假設不誇張，就不會驕縱放肆。在下位的假設不誇張，就不會破壞團結。上下不自矜誇到這樣地步，是謙和到最好的程度了。戰爭大敗不要行殺戮以為罰，因不行罰，上下都認為自己有罪過。在上位的假設認為自己有罪過，必定悔改向善。在下位的假設認為自己有罪過，必定遠離罪惡。上下分擔大敗的責任到這樣地步，是謙和到最好的程度了。

古者㈠戍兵㈡三年㈢不典㈣，覩民之勞也㈤。上下相報㈥，若此，和㈦之至也。

【今註】㈠古者：指古代各元首。㈡戍兵：「戍」音庶，守衛邊境的軍隊為「戍兵」。㈢三年：戍兵瓜時而往，及瓜而代，是每人戍邊一年，到期自省同籍人來代替。三年中同籍相代有四個人。㈣不典：有本「典」字為「興」。「典」就是兵籍冊，「不典」就是不用查兵籍冊的輪流按期代替服戍邊兵役。㈤覩民之勞也：就是親眼看見人民的為國勞苦。周初各元首常采薇送戍兵吃，出迎勞歸，皆親視民勞。㈥上下相報：上親出去慰勞下，下出力來報效上。㈦和：就是團結一致。

【今譯】古代派遣戍衛邊疆的兵，三年不用查役籍的每年有人更代。為元首的也要親眼看到人民的辛勞呵！上下這樣的相互報施，才有最堅實的團結。

得意㈠則愷㈡歌㈢，示喜也㈣。偃伯㈤靈台㈥，答民之勞㈦，示休也㈧。

【今註】㈠得意：戰伐勝利是謂「得意」。㈡愷：同「凱」，戰勝還軍回國為「凱旋」。㈢愷歌：軍隊戰勝凱旋中所唱的歌。㈣示喜也：表示歡樂。用來喚起全國人的振奮。㈤偃伯：「偃」是收藏起來。「伯」是古「霸」字，代表軍符兵器等武事。「偃伯」就是偃武修文，從此太平了。㈥靈台：元首為觀看四方人民生活，而特別建築的高臺。㈦答民之勞：元首登高臺，普遍觀察人民生活情況，作為答慰人民戰時的勞苦，亦具有親眼目覩人民辛勞的意念。㈧示休也：表示休養生息，重新開始新生活了。

【今譯】　戰爭勝利就凱歌歸國，表示快慰振奮。回到國內要偃藏起武力，建築起便於觀看四方的靈台，元首登臺答慰人民的辛勞，表示在休養生息該重新生活了。

定爵第三（第三篇　戰爭準備）

原文

凡戰：定爵位，著功罪，收遊士，申教詔，訊厥眾，求厥技，方慮極物，變嫌推疑，養力索巧，因心之動。

凡戰：固眾，相利，治亂，進止，服正，成恥，約法，省罰。小罪乃殺；小罪殺，大罪因。

順天，阜財，懌眾，利地，右兵，是謂五慮。順天奉時，阜財因敵，懌眾勉若，利地守隘阻，右兵弓矢禦，殳矛守，戈戟助。凡五兵五當，長以衛短，短以救長，迭戰則久，皆戰則強。見物與侔，是謂兩之。

主固勉若，視敵而舉。將心心也，眾心心也，馬牛車兵佚飽力也。教惟豫，戰惟節。將軍身也，卒支也，伍指拇也。

凡戰，權也，鬪，勇也，陣，巧也。用其所欲，行其所能，廢其不欲不能，於敵反是。

凡戰，有天，有財，有善。時日不遷，龜勝微行，是謂有天。眾省，有因生美，是謂有財。人習陳利，極物以豫，是謂有善。人勉及任，是謂樂人。大軍以固，多力以煩，堪物簡治，見物應卒，是謂行豫。輕車輕徒，弓矢固禦，是謂大軍。密，靜，多內力，是謂固陳。因是進退，是謂多力。上暇人教，是謂煩陳。然有以職，是謂堪物。因是辨物，是謂簡治。

稱眾，因地，因敵，令陳。攻，戰，守，進，退，止，前後序，車徒因，是謂戰參。不服，不信，不和，怠，疑，厭，懾，枝柱，詘，煩，肆，崩，緩，是謂戰患。驕驕，懾懾，吟曠，虞懼，事悔，是謂毀折。大小，堅柔，參伍，眾寡，凡兩，是謂戰權。

凡戰：間遠，觀邇，因時，因財，貴信，惡疑。作兵義，作事時，使人惠。見敵，靜，見亂，暇，見危難，無忘其眾。居國惠以信，在軍廣以武，刃上果以敏。居國和，在軍法，刃上察。居國見好，在軍見方，刃上見信。

凡陳：行惟疎，戰惟密，兵惟雜。人教厚，靜乃治，威利章。相守義，則人勉，慮多成，則人服。時中服，厥次治。物既章，目乃明。慮既定，心乃強。進退無疑，見敵而謀。聽誅，無誑其名，無變其旗。

凡事，善則長，因古則行，誓作章，人乃強，滅厲祥。滅厲之道：一曰義，被之以信，臨之以強，成基，一天下之形，人莫不說，是謂兼用其人；一曰權，成其溢，奪其好，我自其外，使自其內。

一曰人；二曰正；三曰辭；四曰巧；五曰火；六曰水；七曰兵，是謂七政。榮，利，恥，死，是謂四守。容色積威，不過改意，凡此道也。唯仁有親，有仁無信，反敗厥身。人人，正正，辭辭，火火。

凡戰之道，既作其氣，又發其政，假之以色，道之以辭，因懼而戒，因欲而事，蹈敵制地，以職命之，是謂戰法。

凡人之形，由眾以求，試以名行，必善行之。若行不行，身以將之，若行而行，因使勿忘，三乃成章。人生之宜謂之法。凡治亂之道：一曰仁；二曰信；三曰直；四曰一；五曰義；六曰變；七曰專。立法：一曰受；二曰法；三曰立；四曰疾；五曰御其服；六曰等其色；七曰百官無淫服。凡軍，使法在己曰專，與下畏法曰法。軍無小聽，戰無小利，日成行微，曰道。凡戰正不行則事專，不服則法，不相信則一。若怠則動之，若疑則變之，若人不信上，則行其不復。自古之政也。

定爵第三㈠

凡戰㈡：定爵位㈢，著㈣功罪㈤，收遊士㈥，申教詔㈦，訊厥眾㈧，求厥技㈨，方慮㈩極物⑪，變嫌⑫推疑⑬，養力⑭索巧⑮，因心之動⑯。

【今註】㈠定爵第三：「定爵」篇名，由篇文中頭一句為「凡戰定爵位」採用二字。「第三」為本書篇次，均無專題意義。㈡凡戰：「凡」是總括一切意。「戰」是指戰爭指導而言。㈢定爵位：「爵」是官階，有大有小，古時分公、侯、伯、子、男、大夫、士；今分將官、校官、尉官、士官、士兵。「位」是職位，有尊有卑。古分將帥、偏裨、什伍；今分司令、軍、師、旅、團、營、連、排、班、羣、組等長官。都得明確規定，使上下有分，不得侵越紊亂。㈣著：記錄在簡冊（竹帛）上。㈤著功罪：預訂立獎勵懲罰條例。㈥收遊士：「收」是收容留用。遊士一為遊說之士；二為遊蕩分子，兩者都是地方上閒雜人等，易滋事端的人。㈦申教詔：「申」是為書公告，「教」即教導，「詔」是元首的書面命令。㈧訊厥眾：「訊」是徵訊。「厥」與「其」同，「厥眾」指本國人民。廣事徵訊本國人民意見：一在喚起民眾齊一戰志；一在博納羣議得廣知識。㈨求厥技：「技」是才能技術，是戰爭中所最需要的。「求」是搜訪尋求，不使遺落埋沒在民間。㈩方慮：「方」是方法，「慮」是思慮，有方法的思慮，便是合乎邏輯的科學的計畫作為，深遠的計謀了。⑪極物：「極」是到了盡頭，「物」即物資器材，「極物」就是使每一物都要盡了最大的效能。⑫變嫌：改變嫌隙，不讓人民記恨舊怨。⑬推疑：推移疑惑，不讓人民仍存不明白處。⑭養力：培養人民戰勝力量。⑮索巧：索取人民機巧才能。⑯因心之動：因人民心願所向而隨有舉動，示同意於人民的所欲行的而實行。

【今譯】第三篇　戰爭準備

所有的戰爭準備，要先定好了官爵和職位；訂立下獎勵懲罰條例；收容起遊說閒雜等人；申明教誡公告以喚起民眾；徵詢國人意見以集思廣益；尋求國人才能技術使各得建功；更要有方法的計慮以極盡物力用途；改變國人的嫌怨以推轉國人的疑惑；培養國人戰勝信力以索取國人機巧才能；使一切戰爭準備都是隨人民心願來舉措的。

凡戰㈠固眾㈡，相利㈢，治亂㈣，進止㈤，服正㈥，成恥㈦，約法㈧，省罰㈨。小罪㈩乃殺⑪，小罪殺⑫，大罪因⑬。

【今註】㈠凡戰：指一切戰爭指導。㈡固眾：團結國人使信心堅固。㈢相利：相度地利，盡量利用。㈣治亂：整頓內外秩序，使不紊亂。㈤進止：前進，停止，使都有規矩以為節制。㈥服正：敬服公正的諫諍。㈦成恥：鑄造成國人寧殺身成仁的榮死，不願忍辱偷生的戰時人生觀念。㈧約法：法令當力求簡約不煩。㈨省罰：「省」是省察，務使不濫。「罰」是懲罰，必求適當。㈩小罪：輕微罪。⑪乃殺：「乃」字此處當作如是解。⑫小罪殺：「殺」字武經七書本作「勝」字。⑬大罪因：「因」是因之而起。

【今譯】所有的戰爭指導，都要團結國人，相度地利，整治秩序，節制進止，服從正義，養成知恥，簡約法令，慎察刑罰。如是濫用刑罰，動輒殺人，那小罪殺，大罪惡將會因之而起了。

順天㈠，阜財㈡，懌眾㈢，利地㈣，右兵㈤，是謂五慮㈥。順天奉時㈦；阜財因敵㈧；懌眾勉若㈨；利地守隘阻㈩；右兵弓矢禦(十一)，殳矛守(十二)，戈戟助(十三)。凡五兵(十四)五當(十五)，長以衞短(十六)，短以救長(十七)，迭戰(十八)則久，皆戰(十九)則強。見物(二十)與侔(二十一)，是謂兩之(二十二)。

【今註】 ㈠順天：順從天時，預測氣象。㈡阜財：「阜」作多解，「阜財」即多準備戰用物資。㈢懌眾：「懌」為悅服的意思。「懌眾」即悅服眾心。㈣利地：利用地形、地物、地緣。㈤右兵：「右」為崇尚的意思，「兵」為武器。㈥五慮：「慮」是打算、謀畫。㈦順天奉時：「奉」為謹遵的意思，「時」指時間空間的限制，氣象的變化，氣候的適應及時機的爭取等言。㈧阜財因敵：「因」為依靠及乘機利用的意思。「阜財因敵」即阜財的方法，最好的是能夠利用敵人的財物。㈨懌眾勉若：悅服眾心最好就是親身勸勉，使其心志一若上級的心志。㈩利地守隘阻：利用地形、地物、地緣最好的是把守隘路、險阻地帶。(十一)弓矢禦：弓矢能射殺敵人於百步外，可用阻其前進抵禦敵人。(十二)殳矛守：「殳」音殊，丈二長有稜無刃竹杖。「矛」為尖銳長柄的刺槍，酋矛長二丈，夷矛長二丈四，長兵器利於防守。(十三)戈戟助：「戈」平頭鈎刃，長六尺四寸，可剷割，可鈎割，可砍刺。「戟」乃矛上加戈枝的刺槍，長的丈四，短的丈二，適用為弓矢殳矛的補助。(十四)五兵：弓矢、殳、矛、戈、戟五種兵器。(十五)五當：五樣正當的用途。(十六)長以衞短：衞即保衞。(十七)短以救長：救即救護。(十八)迭戰：更番迭次的使用兵器與敵作戰。㊈皆戰：將長短兵器一齊使用作戰。㊉見物：看見敵人所準備及使用的事物。㊁與侔：「侔」即等齊，「與侔」就是趕上他，與他相等齊。㊂兩之：「兩」為權衡輕重的稱量，「兩之」即將敵我相侔的程度，仔細加以比較。

【今譯】　順從天時、多備財物、悅服眾心、利用地利，和精良武器五樁事，是當及早謀畫的。順從天時最要遵奉時間及空間的限制。多備財物的方法最好是使用敵人的財物。悅服眾心最好是親自勸勉如一其志。利用地利最好先據守隘路險阻。精良武器最好是用弓矢射敵於遠處，用殳矛擊刺敵人於近處，再用接近戰的戈戟相助。

所有的各種兵器要各有正當的用途，務使發揮「長以衞短」「短以救長」的效用。能這樣，輪番迭戰就可持久，長短皆戰就強大威力。

每見敵人所準備及使用的事物，定要設法趕上他，這就是所謂敵我兩相比較。

主㊀固㊁勉若㊂，視敵而舉㊃。將心㊄心也㊅，眾心㊆心也㊇，馬牛車㊈兵㊉佚飽㊀力也㊁。教惟豫㊂，戰惟節㊃。將軍㊄身也㊅，卒㊆支也㊇，伍㊈指拇也㊉。

【今註】　㊀主：指為地主的軍隊，對敵的為客軍。㊁主固：為地主的軍隊，易於固地為守，以待客軍的敵軍來攻。㊂勉若：勸勉部眾齊一心志有若一人。㊃視敵而舉：細看敵人行動，再行舉動。

㊄將心：將軍的心志。㊅將心心也：將軍的心是顆有好惡的心呀。㊆眾心：全國民眾的心志。㊇眾心心也：全國民眾的心，也和將軍一樣是具有好惡的心呀。㊈馬牛車：馬曳戰車，牛拉輜車，為當時主要的作戰機動力量。㊉兵：指步卒和兵器。⑪佚飽：「佚」是安逸，舒適有精神。「飽」是吃飽穿暖，保持最堅強體力。所謂「以佚待勞」，「以飽待飢」是。⑫馬牛車兵佚飽力也：「馬牛車兵」是軍中戰力，養使佚飽以備發揮絕大的威力。⑬教惟豫：「教」指軍隊教育訓練。「豫」是豫先作好，惟有豫先教育訓練，軍隊才能具有戰力。⑭戰惟節：「戰」是作戰。「節」是節制亦就是具有組織的紀律。作戰軍惟有層層節制的紀律，才能發揮戰力。⑮將軍：軍隊的高級首長。⑯將軍身也：軍隊如是比作一個人，將軍就是身子。⑰卒：古時軍隊百人為「卒」，置卒正一人為長。⑱支也：支同四肢的肢。⑲伍：古軍隊五人為一伍，置伍長一人。⑳指拇也：食指、中指、無名指、小指為「四指」，大指為「拇指」，合五指為一手，用來比作軍隊的一伍。

【今譯】　為地主的軍隊應聚眾固守，齊一心志待機舉動。將軍的心是顆有好惡的心，兵眾的心也是具有好惡的心，這馬牛車兵的安佚飽暖是儲蓄戰力呀，齊一心力的在於軍隊教育，教育訓練必須平時豫先準備，有訓練的軍隊戰時才是有組織有紀律的節制之師。

所謂節制，就像將軍是一個人的人身，卒正是這人身體上的四肢，每伍為肢上的手指，作戰動作如身使臂，臂使指。

凡戰㈠，權也㈡，鬬㈢，勇也㈣，陳㈤，巧也㈥。用其所欲㈦，行其所能㈧，廢其不欲不能㈨。於敵反是㈩。

【今註】㈠凡戰：「凡」總括一切，「戰」指戰爭。㈡權也：「權」是一兩壓平千斤的秤鉈。用比喻手段。㈢鬬：打架在一起。㈣勇：氣力旺盛，銳志進取，無所畏懼。㈤陳：同「陣」，即作戰所使用的隊形，今術語叫作「部署」。㈥巧也：「巧」是機巧，出於人心機的安排。㈦用其所欲：「其」字係主將對自己言，所欲乃所希望達成的願望，用是達成願望的有效手段。㈧行其所能：願望過高一時不能達成的，必得先執行自己能夠有效實行的事。㈨廢其不欲不能：廢棄自己所不願意的和不能作的。㈩於敵反是：敵與我對戰，利害與我相反，判斷敵情，也得反我之利，所以在作戰準備上，務使敵拂其所欲，違其所長，行其不能。

【今譯】所有的戰爭都要講求手段權變呀；所有的戰鬬都要講求氣力銳取呀；所有的作戰部署都要講求機巧安排呀。非權變不足以用兵，非氣力不足以合戰，非機巧不足以布列，三樣兼備是用自己所欲用的了，但還得實行自己所有能力行的，廢除掉那些自己所不欲行和不能實行的。判斷敵情則反是了。

凡戰，有天㈠，有財㈡，有善㈢。時日不遷㈣，龜勝㈤微行㈥，是謂有天⑦。眾有⑧，有因生美⑨，是謂有財⑩。人習陳利⑪，極物以豫⑫，是謂有善⑬。人勉及任⑭，是謂樂人⑮。大軍⑯以固⑰，多力⑱以煩⑲，堪物⑳簡治㉑，見物㉒應率㉓，是謂行豫㉔。輕車㉕輕徒㉖，弓矢固禦㉗，是謂大軍㉘。密㉙、靜㉚、多內力㉛，是謂固陳㉜。因是進退㉝，是謂多力㉞。上暇人教㉟，是謂煩陳㊱。然有以職㊲，是謂堪物㊳。因是辨物㊴，是謂簡治㊵。

【今註】①有天：「有」為擁有，如未擁有即應爭取到擁有。「有天」就是要掌握有天空一切自然及人為的變化資料。②有財：要擁有與爭取到足夠的戰用資財與物力。③有善：要擁有與爭取到作戰妥善的人力準備。④時日不遷：遇到當戰時機就戰，到了當戰日期就開始作戰，不變遷時日。⑤龜勝：用龜占卜勝兆，用增強爭勝心理而齊一戰志。⑥微行：幽深精妙的行為。即指用間用謀等事。⑦是謂有天：就是爭取到天機。⑧眾有：國內民眾富有。⑨有因生美：「因」是巧妙的加以利用。「有」利用國人及敵人所有的資財，是生財最佳的道。⑩是謂有財：這是爭取到財物力量了。⑪人習陳利：「陳」同「陣」，國人熟習戰陣部署的利益。⑫極物以豫：竭盡物力的極限，以豫先演練運用。⑬是謂有善：這是爭取到人力訓練及人對器材的運用了。⑭人勉及任：人人都求勝任愉快來自行勉勵。⑮是謂樂人：這是爭取到人心，人人都樂為效命了。⑯大軍：加大軍隊戰力。⑰以固：

有團結求固的方法。⑱多力：增加作戰能力。⑲以煩：有減少勞煩的方法。⑳堪物：人堪使用的物力。㉑簡治：登入簡冊，加工治理的方法。㉒見物：看見敵人使用的事物。㉓應率：有反應可能迎頭趕上的可能率多大。㉔是謂行豫：這是豫先應該實行演習的事。㉕輕車：戰車，又名馳車，「輕」就快速，機動力加大。㉖輕徒：即徒步作戰的步兵，「輕」就便利，速度加快。㉗弓矢固禦：用弓矢堅固防禦。㉘是謂大軍：這就是加大軍隊的戰力。㉙密：祕密，不讓敵人偵知。㉚靜：肅靜，不讓敵人覺察。㉛多內力：增大內部的作戰能力。㉜是謂固陳：這就是堅固作戰部署的方法。「陳」同「陣」。㉝因是進退：由以上固陳的方法，可進就進，可退就退。㉞是謂多力：這就是增強作戰能力。㉟上暇人教：為人上官的人，乘閒暇時使人人熟習所教的戰法。㊱是謂煩陳：這就是頻煩演練，以求達到：「平時多流汗，戰時少流血」的目的。㊲然有以職：堪用物必然得設有職司檢查修護的人。㊳是謂堪物：這是保持器物確實堪用。㊴因是辨物：由於檢查辨別出有不夠精良或待修器物。㊵是謂簡治：這就是現今「檢修」和「研究發展」。

【今譯】　所有的戰爭準備，都得擁有天然變化資料，擁有足夠戰用的資財物力；擁有妥善的人力作戰準備。

計畫作戰的時日不會遷改，占卦問卜對我有利，精妙行為業見奇功，這是用人力爭取到的天時了。

國內人民富有可備徵用，又可因敵所有加以美好的使用，這是用生財的方法爭取到的資財物力了。

國人熟習戰陣部署的利益，更豫先精練運用物力到最大限，這是用人力爭取到的人力精練與發揮物力的善策了。

人人都求勝任愉快自勉，這是人人都是樂為效命了。

加強軍隊戰力而有團結求固的方法，增強作戰能力而有減少煩勞方法，堪用物檢查而有登記修整方法，看見敵人用物而有研究發展方法，這就是該豫先準備妥的事。

使戰車輕快，步兵輕快，利於攻擊占領，多備弓矢，堅固營壘，力能守禦，這就是強大軍隊的方法。

軍隊的行動祕密，使敵無法偵知；居止肅靜，使敵不易覺察；部署中多配置有力武器，使能打擊強敵，這就是鞏固軍隊部署的方法。

由軍隊行動機密，居止靜肅，內部配有強大戰力，如果再能使進退快速，這就是更增強戰力多倍了。

為軍隊指揮的人，能利用暇時使人人得熟習那應教的戰法，這就是頻煩演練，「平時多流汗戰時少流血」的道理。

器物堪用必然設有職司檢查的人，這是保持器物確實堪用的方法。

由於檢查器物的堪用程度，進而辨別器物的如何加大器物的效用，這就是「登入簡冊加工治理」的研究發展方法。

稱眾(一)：因地(二)，因敵(三)，令陳(四)。攻(五)，戰(六)，守(七)，進(八)，退(九)，止(一〇)，前後序(一一)，車徒因(一二)，是謂戰參(一三)。不服(一四)，不信(一五)，不和(一六)，

怠⑰，疑⑱，厭⑲，懾⑳，枝柱㉑，詘㉒，煩㉓，肆㉔，崩㉕，緩㉖，是謂戰患㉗。驕驕㉘，懾懾㉙，吟曠㉚，虞懼㉛，事悔㉜，是謂毀折㉝。大小㉞，堅柔㉟，參伍㊱，眾寡㊲，凡兩㊳，是謂戰權㊴。

【今註】 ①稱眾：「稱」即秤，衡量輕重的準則。「眾」指兵力多寡，這是先求「知己」的工作。②因地：因為戰地有遠近、險易、廣狹、死生的不同。③因敵：因為敵人也有遠近、多寡、強弱、進止的不同。④令陳：「令」即設備，「陳」即「陣」，作戰形態的部署是。⑤攻：前進攻擊敵人。⑥戰：與敵相戰。⑦守：把守一地以抵抗敵人。⑧進：前進。⑨退：後退。⑩止：停止在一地。⑪前後序：前後有次序，而不紊亂。⑫車徒因：「車」是戰車，「徒」是步兵，「因」是相互為用，即戰車與步兵協同作戰，互相支援。古時馳車一乘四馬，車上甲士三人，一主射為長，一執戈矛為車右，一執轡為御。車前有步兵前拒二十四人，車左有步兵左角二十四人，車右有步兵右角二十四人。車進攻，前拒警備，左右角搜索、游擊支援。⑬是謂戰參：這是臨戰參詳不可忽略的事。⑭不服：不服從。⑮不信：不相信上級，不信任下級，沒有自信。⑯不和：不與別人和協。⑰怠：怠惰不謹。⑱疑：疑惑不定。⑲厭：厭倦不振。⑳懾：懾怕畏縮不敢向前。㉑枝柱：不勝任，盼卸肩。㉒詘：屈詘不肯自伸。㉓煩：煩躁不安。㉔肆：放肆無羈。㉕崩：神經崩潰。㉖緩：精神縱弛。㉗是謂戰患：這是作戰進行中的禍患。㉘驕驕：放肆到極點。㉙懾懾：膽怕到極點。㉚吟曠：無病呻吟，曠混光陰。㉛虞懼：憂虞愁苦，恐懼自危。㉜事悔：對所從事之事，常作追悔。㉝是謂毀折：這就是敗毀傷折的現象。㉞大小：能大能小。㉟堅柔：即剛柔，要有剛有柔。㊱參伍：即三五，或三或五變化不一。㊲眾寡：用眾用寡，視時、地、敵情而定。㊳凡兩：凡百事都得權衡斤兩，相對準備，加以比較。㊴是謂戰權：這是作戰上通權達變的手段。

【今譯】 用兵眾多少？是因為地區的遠近險易廣狹死生來定；更要因敵人的遠近多寡強弱進止來作決定；還有採取何種作戰部署也大有關係。攻滅敵人，與敵決戰，對敵防守，是作戰目的先要確定。見可進就進取，見不可進就後退，見可停止就停止，是作戰對象先要確定。然後才可以安排作戰軍的前後次序，和兵種的協同。這是臨戰參詳不可忽略的。

軍人有不服從的；有失去信心的；有不與別人和協的；有怠惰不謹的；有疑惑不定的；有厭倦不振的；有懾懼不前的；有呆木不勝任的；有屈詘不能自伸的；有煩躁不自安的；有肆意放縱無羈的；有神經崩潰的；有精神弛緩的。這些都是作戰進行中的禍患。

在正常的軍人中，有驕傲而又放肆的；有膽小而又自怕的；有裝病曠廢任務的；有憂虞遇事自危的；有臨事不審而事後徒自追悔的。這些都是軍中敗毀傷折分子呵！

軍隊的能大能小，有剛有柔，可參可伍的分散，也可密集重疊，視時機、地形、敵情來決定眾寡的力量、數目。凡百諸事都要稱斤衡兩的比較，作相對的準備。這是作戰上通權達變的手段。

凡戰：間遠㈠，觀邇㈡，因時㈢，因財㈣，貴信㈤，惡疑㈥。作兵義㈦，作事時㈧，使人惠㈨。見敵㈩，靜⑪，見亂⑫，暇⑬，見危難⑭，無忘其衆⑮。居國⑯惠以信⑰，在軍⑱廣以武⑲，刃上⑳果以敏㉑。居國和㉒，在軍法㉓，刃上察㉔。居國見好㉕，在軍見方㉖，刃上見信㉗。

【今註】㈠間遠：用間諜察看敵人實況於遠方。㈡觀邇：仔細觀看近處的敵人。㈢因時：「因」乃巧於利用。「因時」即巧妙的利用天變的時機，抓住機會，出敵意料不到之處。㈣因財：巧妙用財，不可吝嗇。㈤貴信：誠懇待人，信賞必罰。㈥惡疑：用智慧判斷情況，最惡猶疑不定。㈦作兵義：振作士氣，當喻知大義，使知任務不容辭卸。㈧作事時：作事當乘時。㈨使人惠：使用別人為我出力，當施恩惠，使人感恩而心悅服。㈩見敵：看見敵人出現。⑪靜：鎮靜不慌亂，以待敵人不備的良機。⑫見亂：看見混亂局面。⑬暇：沉著應變，變亂易平定。⑭見危難：看見局勢危險，大難將臨。⑮無忘其眾：不要忘記的只有眾志齊一，致死奮鬥，才可以挽回危勢，除去劫難。⑯居國：指平時。⑰惠以信：施慰撫為「惠」，惠能懷眾得眾。誠實準確使人不疑為「信」，信能任人。此地「以」字同「與」字用。⑱在軍：指戰時。⑲廣以武：「廣」指氣度廣大能容人。「武」指威名遠揚能服眾。⑳刃上：在與敵交戰時。㉑果以敏：果決與敏捷。㉒居國和：平時作到上下相安。

㉓在軍法：戰時作到法前人人齊一。㉔刃上察：交戰時明察情況發展，銳意進取。㉕居國見好：平時表現上下和好。㉖在軍見方：戰時表現有方法有智慧。㉗刃上見信：交戰中要顯示信實，罰當罪而不濫。

【今譯】所有的戰爭，都要使間諜探知遠方敵情；用偵察詳看近處的敵情；要會利用天時的變化；要會使用敵我可為戰用的資財；要誠懇待人，信賞必罰；要運用智慧判斷，最惡猶疑不決。振作士氣，當使人明白大義；推行事務，當使人按時完工；使用別人出力，當施予恩惠。擔任指揮的人，看見敵人時，要鎮靜的處置；遇見混亂時，要沉著的應變；局勢已見危險，大難似將臨頭時，要知道惟一的脫開危難方法，是掌握羣眾齊力奮鬪。任元首的人，平時在國中，對人民行慰撫之惠，與信實的任用人。戰時在軍中，氣度要能容人，威名要能服眾。與敵交戰時，意志要果決，作為要敏捷。因為平時在國中作到上下相安，那就是國中上下和好了；戰時在軍中作到執法公平，那軍中人人有表現方法的智慧了。在與敵交戰時作到明察情況，那交戰的人都相信賞必得罰必不濫的了。

凡陳㈠：行㈡惟疎㈢，戰惟密㈣，兵惟雜㈤。人教厚㈥，靜乃治㈦，威利章㈧。相守義㈨，則人勉㈩，慮多成⑪，則人服⑫。時中服⑬，厥次治⑭，物既章⑮，目乃明⑯，慮既定⑰，心乃強⑱。進退無疑⑲，見敵而謀⑳，聽誅㉑，無誑其名㉒，無變其旗㉓。

【今註】㈠凡陳：所有的作戰隊形部署。「陳」同「陣」。㈡行：作戰行列。㈢行惟疏：行列惟有疏散才便於作戰。㈣戰惟密：與敵交戰惟有密集才有力。㈤兵惟雜：兵器長短不一，惟有交雜使用，才能有互相補救的效用。㈥人教厚：對人民的教育要敦厚反覆的實施。使命令平素就能執行。㈦靜乃治：軍中貴靜肅，靜肅便是有治理。㈧威利章：威令最好最有利的在章明，為人易知。㈨相守義：上下相守義氣。㈩則人勉：那就人人知道自勉。⑪慮多成：謀畫的事情每多成功的完成。⑫則人服：那就令人衷心佩服。⑬時中服：時人衷心悅服。⑭厥次治：依次序便都治理了。⑮物既章：物指軍中的旗幟旛旄徽章符號等識別物。章為顯明。⑯目乃明：眼目一看就明白無誤。⑰慮既定：謀畫既經確定。⑱心乃強：眾人的信心也就加強。⑲進退無疑：前進後退心中毫無疑慮。⑳見敵而謀：看見敵人而後才定謀。㉑聽誅：「聽」為聽訟，「誅」為殺罪人。㉒無誑其名：不要被受聽誅的名聲所騙。㉓無變其旗：無須變更受聽誅的旗幟。

【今譯】所有的作戰部署：行列要疏散，以便分別進退；接戰要密集，以便合力擊滅敵人；兵器要交雜使用，以求長短相補。對人員的教練要反覆厚施，對眾人的要求要靜肅有條理，對軍隊的聲威要使遠近皆知。

在軍隊中，上下講義氣，那麼人人就知道守義自勉。上下每有謀畫都能成功，那麼人人就衷心感到欽佩。一時的人都衷心悅服，那一切的事都會依次治理好。旗幟顯明，那受令的人一看就明白無誤。謀畫既經確定，那戰勝的信心自然就大為加強。

如有前進，後退，毫不搜索，警戒等疑慮的，發見敵人，而後才想到定計設謀的，對這些人的審訊或行誅，不必受騙那已往的聲名，也不須改變他所屬的旗號。

凡事善㈠則長㈡，因古㈢則行㈣。誓作章㈤，人乃強㈥，滅厲祥㈦。滅厲之道㈧：一曰義㈨，被之以信㈩，臨之以強⑪，成基⑫，一天下之形⑬，人莫不說⑭，是謂兼用其人⑮；一曰權⑯，成其溢⑰，奪其好⑱，我自其外⑲，使自其內⑳。

【今註】㈠凡事善：所有的事從善的方面想。㈡則長：就可以長久。㈢因古：因為古人行之有利無弊。㈣則行：就可以不必考慮後果的實行。㈤誓作章：為誓詞告知眾士，振作人心，要章明昭著。㈥人乃強：人心振奮，力量才強盛。㈦滅厲祥：「滅」是消滅，「厲」是凶惡兆頭，「祥」是吉利兆頭。㈧滅厲之道：消滅凶惡兆頭說道的方法。㈨一曰義：第一是講真理。㈩被之以信：「被之」是廣面的蓋起。「信」是信仰、信任、信心。⑪臨之以強：「臨之」是逼近到面前。「強」是強迫。⑫成基：成就大業的基礎。⑬一天下之形：統一各方的形勢。⑭人莫不說：「說」同「悅」。使人心莫不喜悅。⑮是謂兼用其人：這就是宣傳又兼著運用人心了。⑯一曰權：與前「一曰義」並列，應為「第三滅厲之道為權」。「權」乃兩撥千斤的秤錘，此地該說是「講手段」。⑰成其溢：「溢」乃滿盈外流狀態。「成其」即助他成為。⑱奪其好：奪走他所愛好的東西或習慣。⑲我自其外：主辦其事的人置身事外，成為客觀。⑳使自其內：促使其自己從內部發動自覺徹悟。

【今譯】 所有的事從善的方面想，就可以長久。因為古代已有成例的事，就容易推行。公告誓詞是要振作人心士氣的，當然要彰明昭著有號召力，使人發憤圖強，消滅那些吉凶禍福的迷信說道。吉祥說道對我有利，可不去管，關於消滅凶惡及不利於我的說道，有如下兩法：

第一講各得其宜的真理：那就該廣事宣揚人民當信奉是什麼？再強迫著每人問他應信奉什麼？告知我們的建國方略成功基礎，業已奠定大統一的形勢了，使人聽了心中莫不歡欣鼓舞，這是由收納人心兼及鼓動人心與運用人心了。

第二講隨機應變的手段：眾人迷信凶惡邪說，從旁助長邪說成為過分失真不足信的溢傳流言。再就用釜底抽薪法，奪去人民所信奉愛好的目標，使成盲然無據局面。這些手段，施用手段的人要站在局外，使他內部自覺徹悟。

一曰人㊀；二曰正㊁；三曰辭㊂；四曰巧㊃；五曰火㊄；六曰水㊅；七曰兵㊆，是謂七政㊇。榮㊈、利㊉、恥⑪、死⑫，是謂四守⑬。容色⑭，積威⑮，不過改意⑯，凡此⑰道也⑱。唯仁有親⑲，有仁無信⑳，反敗厥身㉑。人人㉒，正正㉓，辭辭㉔，火火㉕。

【今註】㊀人：任用賢人。㊁正：正自己然後率別人。㊂辭：修言辭使得體，責敵方使他窮辭。㊃巧：盡量利用巧技。㊄火：慎用火戰。㊅水：多用水利。㊆兵：治兵有法。㊇是謂七政：這是國家的七大政事。㊈榮：榮譽。㊉利：貨財。⑪恥：羞辱。⑫死：殺身。⑬四守：「守」乃典守，今語為「控制」。因為榮譽與貨財為人所欲得的，國家守著專用來賞善。羞辱與殺身為人所惡遠的，國家守著專用罰惡。⑭容色：容人的氣量，近人的臉色，用於勸善。⑮積威：積極的態度，莊重的威嚴，足以懲惡。⑯不過改意：容色莊和使人不犯過；積威儼嚴使人及時改變為惡意圖。⑰凡此：所有的這些。⑱道也：用兵之道。⑲唯仁有親：唯有博愛人的人，人都願意親近他。⑳有仁無信：徒知博愛，沒有信守著戰爭原則。㉑反敗厥身：反足以喪師辱國被滅而失掉生命。㉒人人：任人選當用的賢人，人心自會歸向。㉓正正：己身正，能正所當正，人人就自正了。㉔辭辭：修言辭責敵方，我振振有辭，敵人窮辭。㉕火火：火攻發動時當更用火助之。

【今譯】第一任用賢人；第二正己而後正人；第三修辭伐罪；第四盡量利用巧技；第五慎用火攻；第六多用水利；第七治兵有法，這是國家的七大政事。榮譽，財貨，羞辱，殺身，這是國家的四種典守。因為榮譽財貨為人人所欲得，國家控制著用來賞善；羞辱殺身為人人所惡遠，國家控制著用以罰惡。元首有容人的氣量，近人的臉色，積極的態度，莊重的威嚴，所有這些，都是獎善懲惡的方法呀！

元首唯有博愛人的，爭取得到人人的親近愛戴，但是空知博愛於人而不知道信守著戰爭原則的話，反是以喪師辱國破滅身亡的。任用賢人那人心便會歸向了。正己正人那人人便會自正了。修辭責敵我有辭敵便窮辭了。慎用火攻更用火助那戰爭效果便加大了。

凡戰之道㈠，既作其氣㈡，又發其政㈢，假之以色㈣，道㈤之以辭㈥，因懼而戒㈦，因欲而事㈧，蹈㈨敵㈩制地⑪，以職命之⑫，是謂戰法⑬。

【今註】㈠凡戰之道：指作戰統御方法。㈡既作其氣：既已振奮士氣。㈢又發其政：又要開發刑賞的政事。㈣假之以色：假借溫和顏色。㈤道：同「導」。㈥道之以辭：引導勸勉言辭。㈦因懼而戒：因人各心懷懼罪，來戒飭他努力作事。㈧因欲而事：因人各有表現欲，來適他願欲來使他作事。㈨蹈：有版本為「陷」字。不宜採信。㈩蹈敵：走入敵人的地境。⑪制地：控制敵人的土地。⑫以職命之：應為設官分職任命人司其戰地政務。⑬是謂戰法：這是戰場統御方法。

【今譯】所有的作戰統御方法，既然已經振奮士氣，還得開發賞罰的政事，並對部屬假借溫和顏色，開導勉勵言辭，使他們因心懷懼罪來戒飭自己，因各欲有表現來願多作事。至於進入敵區的統制敵地，也應為設官分職命人司戰地政務，這是戰場統御的方法。

凡人之形㈠，由眾以求㈡，試以名行㈢，必善行之㈣。若行不行㈤，身以將之㈥，若行而行㈦，因使勿忘㈧，三乃成章㈨。人生之宜㈩。謂之法⑪。

【今註】㈠凡人之形：「形」同「型」，表示性格上的德、賢、智、愚。㈡由眾以求：必從眾人中尋求出來。㈢試以名行：用試驗，來證明其名聲與行為是否相稱。㈣必善行之：必定擇善而行。㈤若行不行：倘若令他做事，他實做不到。㈥身以將之：暫自身先為他表率，帶領著隨時察看他。㈦若行而行：令他做的事他都能做到。㈧因使勿忘：因而使他不要忘記。㈨三乃成章：起於一，立於兩，成於三，宜再三試明。㈩人生之宜：一個人生在世間必有他的用處。⑪人生之宜謂之法：人的一生應為別人取法。

【今譯】所有的人各有性格，求賢才當從眾人中去尋找。試試他的名聲與行為是否相符時，他必擇善的去行。倘若試令他做的他做不到，那也許有別情，當親身帶領隨時考察他。倘若試令他做的他都能做到，那此人是可培育，當告訴他不要把自己長處遺忘。這樣起一立二成三的成為章程，一個人的生平誰不想有所表現，宜為別人取法呢？

凡治亂之道㈠：一曰仁㈡；二曰信㈢；三曰直㈣；四曰一㈤；五

曰義㊅；六曰變㊆；七曰專㊇。立法㊈：一曰受㊉；二曰法⑪；三曰立⑫；四曰疾⑬；五曰御其服⑭；六曰等其色⑮；七曰百官無淫服⑯。凡軍⑰，使法在己曰專⑱，與下畏法曰法⑲。軍無小聽⑳，戰無小利㉑，日成行微㉒，曰道㉓。

【今註】 ㊀凡治亂之道：所有的治理亂世的方法。㊁一曰仁：第一為博愛，情愛，能為人願意親近。㊂二曰信：「信」即誠實守約。㊃三曰直：「直」即公正不偏私。㊄四曰一：「一」即一心一言無二無妄。㊅五曰義：「義」即事情怎為合理相宜。㊆六曰變：「變」即通權達變。㊇七曰專：「專」即用法在己自定自行。㊈立法：立訂法則。㊉一曰受：「受」為約束的對象。⑪二曰法：使人明白法則真意。⑫三曰立：植立，不能有可搖奪。⑬四曰疾：「疾」同「急」，機密應求加急。⑭五曰御其服：「御」為穿著，即服役軍中的人應該穿軍服。⑮六曰等其色：使旗章顏色各有等差。⑯七曰百官無淫服：百官不穿非法非分的衣服。⑰凡軍：所有的將領治軍。⑱使法在己曰專：將領自己立法自己執法的為「專制」。⑲與下畏法曰法：和部下同受法令約束的為「法治」。⑳軍無小聽：行兵作戰不要聽信小言。㉑戰無小利：對敵作戰不要爭取小利。㉒日成行微：謀畫日有成就，行為力求微妙機密。㉓曰道：這是用兵的方法。

【今譯】 所有的治理亂世的方法：第一是博愛，使人敢來親近；第二是誠實守約，使人敢於信賴；

第三是公正無私，使人知能得直；第四是無二無妄，使人認為一齊；第五是禁民為非，使人知合大義；第六是通權達變，使人認能從容；第七是能斷能行，使人認作專精。

立訂戰時上下共守的法則：第一是全軍每人受此法則的拘束；第二是使人人明白法則的真意；第三是立訂以後任何人不能搖奪；第四是軍事法則有緊急性和機密性；第五是服役軍中的人應服軍服；第六是應使旗章各有差等顏色；第七是國內百官非服有軍職的不得穿著軍服。

所有的將軍治軍，使用軍法完全出自己意向的，是為專制；自己與部下同樣的受法令拘束的，是為法治。

行兵作戰別聽傳言，別貪小利。傳言易為敵行間，小利易為敵所誘，當力求謀畫戰時戰地日有成就，軍隊行為微妙祕密。這是治亂的方法。

凡戰㈠正不行㈡則事專㈢，不服則法㈣，不相信則一㈤。若怠則動之㈥，若疑則變之㈦，若人不信上㈧，則行其不復㈨。自古之政也㈩。

【今註】㈠凡戰：所有的戰爭指導。㈡正不行：「正」是率人的正己正人。㈢則事專：就從事專制的手法。㈣不服則法：人有不服的就繩之以法令。㈤不相信則一：人心有不相信就齊一號令。㈥若怠則動之：眾心設有怠惰，就使他振作起來。㈦若疑則變之：眾心設有疑惑，就想法變更他注意力。㈧若人不信上：倘是眾人對上尚未有信仰。㈨則行其不復：行令就當絕不反覆，用以昭信。

⑩自古之政也：自從古代以來，司馬法規定的國家大事都是這樣的。

【今譯】 所有的戰爭指導，正己正人的方法行不通時，就該從事專制的手法。人有不服的就將他法辦，強迫他服從。人有不相信的就齊一號令，使他相信始終如一。眾心設有怠惰，就當使他振作起來。眾心設有疑惑，就當想法改變他的注意力。倘若眾人對他上官尚未具有信仰，那就該行令絕不可反復。

這以上所述說的，都是自古代以來司馬法所規定的國家大事呀！

嚴位第四（第四篇　作戰指導）

原文

凡戰之道：位欲嚴；政欲栗；力欲窕；氣欲閑；心欲一。凡戰之道：等道義；立卒伍；定行列；正縱橫；察名實。立進俯；坐進跪。畏則密；危則坐。遠者視之則不畏，邇者勿視則不散。位下，左右下，甲坐，誓徐行之。位逮徒甲，籌以輕重，振馬譟徒甲，畏亦密之。跪坐坐伏，則膝行而寬誓之。起譟鼓而進，則以鐸止之。御枚誓糗，坐膝行而推之，執戮禁顧，譟以先之。若畏太甚，則勿戮殺，示以顏色，告之以所生，循省其職。

凡三軍人戒分日，人禁不息，不可以分食，方其疑惑，可師可服。

凡戰：以力久；以氣勝；以固久；以危勝。本心固，新氣勝，以甲固，以兵勝。

凡車以密固，徒以坐固，甲以重固，兵以輕勝。人有勝心，惟敵之視；人有畏心，惟畏之視。兩心交定，兩利若心，兩為之職，惟權視之。

凡戰：以輕行輕則危；以重行重則無功；以輕行重則敗；以重行輕則戰。故戰相為輕重。舍謹甲兵，行慎行列，戰謹進止。

凡戰：敬則慊；率則服。上煩輕，上暇重。奏鼓輕，舒鼓重。服膚輕，服美重。

凡馬車堅，甲兵利，輕乃重。上同無獲；上專多死；上生多疑；上死不勝。

凡人：死愛，死怒，死威，死義，死利。

凡戰之道：教約人輕死；道約人死正。

凡戰：若勝若否，若天若人。

凡戰：三軍之戒，無過三日；一卒之警，無過分日；一人之禁，無過一息。

凡大善用本，其次用末，執略守微，本末唯權，戰也。

凡勝：三軍一人勝。

凡鼓：鼓旌旗，鼓車，鼓馬，鼓徒，鼓兵，鼓首，鼓足，七鼓兼齊。

凡戰：既固勿重，重進勿盡，凡盡危。

凡戰：非陳之難，使人可陳難；非使可陳難，使人可用難；非知之難，行之難。人方有性，性州異，教成俗，俗州異，道化俗。

凡眾寡，既勝若否。兵不告利，甲不告堅，車不告固，馬不告良，眾不自多，未獲道。

凡戰：勝則與眾分善；若將復戰，則重賞罰；若使不勝，取過在己；復戰則誓己居前，無復先術。勝否勿反，是謂正則。

凡民：以仁救；以義戰；以智決；以勇鬥；以信專；以利勸；以功勝。故心中仁，行中義，堪物智也，堪大勇也，堪久信也。讓以和，人自洽。自予以不循，爭賢以為，人說其心，效其力。

凡戰：擊其微靜，避其強靜；擊其疲倦，避其閑窕；擊其大懼，避其小懼。自古之政也。

嚴位第四㈠

凡戰之道㈡：位欲嚴㈢，政欲栗㈣，力欲窕㈤，氣欲閑㈥，心欲一㈦。

【今註】㈠嚴位第四：「嚴位」是篇名，由本篇首章前句為「凡戰之道位欲嚴」而來。其實本篇各章所言：不是「嚴位」，而是「戰之道」。「第四」是本書各篇次序，意即「第四篇」。㈡凡戰之道：所有的作戰指導方法。㈢位欲嚴：上級下級的地位，劃分得越嚴格越好。㈣政欲栗：軍隊紀律行政，執行得越使部下畏威越好。㈤力欲窕：戰鬪力的培養，實行上越敏銳越好。㈥氣欲閑：軍隊的士氣培養，越舒展越好。㈦心欲一：軍中眾人心志，越齊一越好。

【今譯】第四篇　作戰指導

所有的作戰準備方法：上下級地位，越劃分嚴格越好；軍隊紀律，越使人畏威越好；作戰實力，越敏銳快速越好；軍中士氣，越振奮舒展越好；萬眾心志，越齊心一致越好。

凡戰之道㈠：等道義㈡；立卒伍㈢；定行列㈣；正縱橫㈤；察名實㈥；立進俯㈦；坐進跪㈧；畏則密㈨；危則坐㈩。遠者視之則不畏⑪，邇者勿視則不散⑫。位下⑬，左右下⑭，甲坐⑮，誓徐行之⑯。位逮徒甲⑰，籌以輕重⑱，振馬譟徒甲⑲，畏亦密之⑳。跪坐坐伏㉑，則膝行而寬誓之㉒，起譟鼓而進㉓，則以鐸止之㉔，御枚誓糗㉕，坐膝行而推之㉖，執戮禁顧㉗，譟以先之㉘。若畏太甚㉙，則勿戮殺㉚，示以顏色㉛，告之以所生㉜，循省其職㉝。

【今註】㈠凡戰之道：這裏面說明的是戰場心理的運用。㈡等道義：「等」是等級。「道」是道路也就是方法。「義」是合適的行為。「等道義」就是將明白道理應該的人分成等級，使各有專責。㈢立卒伍：周代軍制：五人為伍，五伍為兩，四兩為卒。伍有長，兩有司馬，卒有正。立卒伍即設置伍長、兩司馬、卒正，使分層負責。㈣定行列：縱隊成路為「行」，橫隊成排為「列」。「定行列」即固定行列每人的左右前後鄰兵，使有以互相照應。㈤正縱橫：大部隊成行前進為縱隊，成列展開為橫隊。正縱橫即規正進軍及作戰方向，使部隊速到戰場先敵展開有利的地勢之上。㈥察名實：「察」是慎重審查，「名」是名聲，「實」是實際，軍語為「重點」，或「主力」。「察名實」即慎重考慮部隊的名聲和實力，以便能循名責實，形成作戰重點。⑦立進俯：此矛戈弓矢時代的教戰方法。站立的一列前進數步，俯身在地以掩護後列前進。⑧坐進跪：這也和註⑦是一樣的，坐姿的一列前進，跪在俯地的列子之後繼續作戰。⑨畏則密：畏懼心重就密集隊形使互為支援。⑩危則坐：危險中人懷不安，便蹲坐以安定心神。⑪遠者視之則不畏：距離敵人尚遠，敵人勢孤形小，望其動向，早作準備，所以不必畏懼。⑫邇者勿視則不散：敵人已在切近，作戰第一，勿須觀望以分散戰力。⑬位下：大將軍居中位，下車。⑭左右下：諸將位左右，也一齊下車。⑮甲坐：各戰車上的射手、車右、御手為甲士，各甲士坐於車上。⑯誓徐行之：誓師的誓言，臨戰直前當眾宣布，內容如今之作戰命令。徐行之，誓畢徐徐前進，用示沉著培養銳志。⑰位逮徒甲：「逮」作「至於」解。「位逮徒甲」即將軍以至於步兵與車上甲士們。⑱籌以輕重：「籌」，籌碼，用少則輕，用多則重。分兵也像預分籌碼，要形成重點。⑲振馬譟徒甲：「振馬」即打馬，「譟徒甲」即人都呼喊。⑳畏亦密之：如畏敵強，也當採用密隊形。㉑跪坐坐伏：陣戰中，可令原跪的人坐，原坐的人伏臥。㉒則膝行而寬誓之：就令戰士膝行前進，然後寬慰撫恤，培養戰志，隨下達進戰命令。㉓起譟鼓而進：起立吶喊擂鼓一齊進攻。㉔則以鐸止之：「鐸」擊鑼的木槌。欲令眾進攻的人停止進攻，就用鳴鑼聲響來停止。㉕御枚誓糗：「御」同「啣」，即「銜」。「枚」如筷子，可用繩繫在口間，示不能說話。「誓糗」乃「攜帶口糧」，非有命令不能吃用。㉖坐膝行而推之：令取低姿式祕密向前推進。㉗執戮禁顧：「執」為捉捕，「戮」殺，禁止「反顧」即「想逃走」的。有犯禁的，立即捕殺。㉘譟以先之：鼓譟而回顧的人很多，捕其先動的人。㊴若畏太甚：設如所捕捉的人畏懼太甚。㊵則勿殺戮：因殺戮徒自減實力。當想另外方法。㊶示以顏色：用和顏悅色曉諭他們。㊷告之以所生：告訴他們求生方法。㊸循省其職：「循」同「巡」，「省」即察看，「其職」為車為騎為徒。即巡視各所職司的，使車堅其車，騎慎其馬，徒謹其器械衣甲，使砥礪戰志。可以復戰。

【今譯】所有的戰場指揮方法：要把明白道理和作為公正的人分成等級；要設置伍長卒正等分層負責；要規定出分行進軍分列進戰的次序；要規正縱隊進路與向敵展開橫隊的地區；要慎重考慮作戰兵力分配上的一部和主力所在。

弓矢戈矛時代的接近戰，站立的一列先前進數步，俯在地上掩護後列前進。後列坐著的一列前進到俯地列之後，取跪姿，以掩護更後列的前進。

怕敵人兵力多，就該採取密集隊形進攻。戰鬥情況危急，就該採取蹲坐持久姿式戰鬥。距敵尚遠，看見敵人行動，那就沒什麼可怕了。敵人已在近處，一意作戰，勿須觀望去分散戰力。下達作戰命令，將軍下車，左右將下車，甲士坐車上，慢慢的當眾宣布。然後將軍以至徒步兵與甲士，都分辨出哪方面用輕兵？哪方面是重點的重兵？隨著就馳馬呼喚徒步兵甲士，分兵前進。如果畏敵力在某方面加強，我也當在該方面密集兵力。

陣戰時，為求持久，可令原跪的人坐，原坐的人臥，就令戰士膝行前進，然後下達攻擊命令，起立，吶喊，擂鼓一齊進，就用鑼聲以行停止他們。

與敵對峙中，人啣枚不准講話，吃用攜帶口糧，取最低戰鬪姿式，膝行祕密向前推進。捕殺後顧思逃的人，如犯禁人太多時，就捕殺先動的人。設若我軍畏敵太甚，那就別多殺自減實力。當另想方法，用和顏悅色，曉諭他們共同求生方策，並巡視每人的職守，以重立戰志。

凡三軍㈠人戒㈡分日㈢，人禁㈣不息㈤，不可以分食㈥，方其疑惑㈦，可師㈧可服㈨。

【今註】㈠三軍：古代成軍後即分軍為中軍、上軍、下軍以便分道進軍作戰。稱此三軍即廣指作戰軍來說。㈡人戒：對人的懲戒。㈢分日：半日。㈣人禁：對人的監禁。㈤不息：不長過一次大休息的時間。㈥分食：伙食的一半。㈦方其疑惑：「方」是改正，「方其疑惑」即改正部下所有的疑惑心情。㈧可師：可以當作部下的師傅。㈨可服：可以令部下心服口服而樂於服從。

【今譯】所有的戰地的犯過懲罰：對人懲戒不過半日，將人監禁不長於一息，不可以罰吃半餐。最好是改正部下的所有疑惑，使他可以認長官是師傅，是可以敬佩服從的。

凡戰㈠：以力久㈡，以氣勝㈢；以固久㈣，以危勝㈤；本心固㈥，新氣勝㈦；以甲固㈧，以兵勝㈨。

【今註】㈠戰：指作戰指揮。㈡以力久：能保持自己體力，為持久要著。㈢以氣勝：用朝氣銳氣勝敵。㈣以固久：能固守為持久要著。㈤以危勝：用局勢危逼可以致勝。㈥本心固：能守的人本心鞏固。㈦新氣勝：用振作人新銳氣勢就可致勝。㈧以甲固：能利用衣甲（即裝甲掩護）為堅固戰力要著。㈨以兵勝：使用兵刃才能以致勝。

【今譯】所有的作戰指揮：能保持我軍體力，發揮氣勢就可勝敵；能固守得持久，用局勢危逼著人人力戰可取得勝利；能守的人決心鞏固，用新銳氣勢即可致勝；能利用衣甲堅固守禦，能發揮兵器威力即可勝利。

凡車以密固㈠，徒以坐固㈡，甲以重固㈢，兵以輕勝㈣。人有勝心㈤，惟敵之視㈥；人有畏心㈦，惟畏之視㈧。兩心交定㈨，兩利若心㈩，兩為之職㈪，惟權視之㈫。

【今註】㈠車以密固：車戰，疎散就多孔隙，易為敵乘。因採用密集隊形，互相支援，以求鞏固。㈡徒以坐固：車戰時代，徒步兵多為守禦，以坐為固。㈢甲以重固：「甲」是個人的裝甲，越重越堅固。㈣兵以輕勝：兵器用在取勝，輕就捷便，易擊刺取勝。㈤人有勝心：人人有爭勝的心。㈥惟敵之視：惟看敵情如何？㈦人有畏心：人人都有畏懼的心。㈧惟畏之視：惟看他畏上級或是畏敵人。㈨兩心交定：「兩心」指「勝心」，「畏心」。「交定」是交互比較來作決定。㈩兩利若心：於勝心、畏心比較中取利就若一個心。㈪兩為之職：「職」即所事的事。兩心兩利所作比較的職司。

㈢惟權視之：只有當作權變的手段看待。

【今譯】 所有的戰車進攻用密集隊形最堅固，徒步兵防守用坐姿射刺最堅固，個人的披甲越重越堅固，但使用兵器卻用輕捷易擊刺取勝。

人各有爭勝心，惟看敵情虛實然後可以爭勝。人各有畏懼心，惟看所畏的是責任或是敵人，畏責任的能爭勝。將這爭勝心與畏懼心交互比較一下，兩下的利害看清楚，就可以決定一心了。這兩心兩利的比較職務，只是看作權變的手段。

凡戰：以輕行輕㈠則危㈡，以重行重㈢則無功㈣，以輕行重㈤則敗㈥，以重行輕㈦則戰㈧。故戰相為輕重㈨。舍㈩謹甲兵㈡，行㈢慎行列㈢，戰㈣謹進止㈤。

【今註】 ㈠以輕行輕：用輕兵力，行軍於敵境不深的輕地。㈡則危：是危險事。㈢以重行重：用重兵力，行軍於深在敵後的重地。㈣則無功：就無法建立功勞。㈤以輕行重：用輕兵力，行軍在深入敵後的重地。㈥則敗：就易為敵所擊敗。㈦以重行輕：用重兵力，行軍在境內不深的輕地。㈧則戰：就準備與敵決戰。㈨故戰相為輕重：所以作戰的戰術是相須並用這「輕兵力」「重兵力」於輕地重地中的。㈩舍：宿營。㈡謹甲兵：謹守著衣甲兵器，防備襲擊。㈢行：行軍前進。㈢慎行列：保持適宜作戰的行列，防敵狙擊。㈣戰：與敵相戰中。㈤謹進止：審視當進攻即進攻，當停止即防禦。

【今譯】所有的作戰指揮：用輕兵力行軍在敵境不深的輕地，那是很危險的；用重兵力行軍在深入敵後的重地，那是無法立功的；用輕兵力行軍在深入敵後的重地，那是最易於失敗的；用重兵力行軍在敵境不深的輕地，那就是尋敵決戰了。所以，作戰的戰術是將輕重相須並用的。宿營時注意衣甲兵器，隨時防備受襲擊。行進中慎重著應戰各方的行列，適時能應戰突然的狙擊。作戰中要注意進攻停止的號令，進擊不後人，停止立轉防禦。

凡戰：敬則慊㈠，率則服㈡。上煩輕㈢，上暇重㈣。奏鼓輕㈤，舒鼓重㈥。服膚輕㈦，服美重㈧。

【今註】㈠敬則慊：「敬」是恭敬，「慊」是快慰。㈡率則服：「率」是率領，「服」是心悅誠服。㈢上煩輕：上級命令煩勞，多輕進無功。㈣上暇重：上級命令暇逸，多持重有功。㈤奏鼓輕：奔奏急擊的鼓音，急速輕短。㈥舒鼓重：「舒」是寬舒，高擊緩攻，鼓音徐重。㈦服膚輕：「服」是征服，「膚」是淺薄的人，「輕」是容易。㈧服美重：征服美質的人，是非常沉重的任務。

【今譯】所有在戰場統御中，敬事就使人快足，親為表率就令人折服。上級命令煩勞就使下級輕進無功，上級命令閒暇就使下級持重有功。急奏的鼓，節多，音就急速輕短，舒擊的鼓，節少，音就寬緩徐重。同樣的，征服一個膚淺力薄的人是輕易的，去征服一個美質的人卻是非常沉重的。

凡馬車堅㈠，甲兵利㈡，輕乃重㈢。上同無獲㈣，上專多死㈤；上生多疑㈥；上死不勝㈦。

【今註】㈠馬車堅：馬與車都強壯堅實。㈡甲兵利：衣甲與兵器都堅實銳利。㈢輕乃重：雖少數輕兵力，也可以深入敵後的重地。㈣上同無獲：「上」同「尚」，崇尚。「同」是等齊一致。「獲」是斬獲。軍中崇尚等齊一致就沒有人立斬獲功勞。㈤上專多死：「專」是專擅，軍中崇尚專擅，士多冒險致死。㈥上生多疑：「上生」即是怕死。㈦上死不勝：崇尚死而無自生之路，安能取勝。

【今譯】所有的馬快車堅，甲厚械銳，雖是少數輕兵力也可以深入敵後的重地的。軍中崇尚等齊一致，部眾必無斬獲；崇尚專擅行動，部眾多圖倖死；崇尚貪生怕死，部眾多懷疑懼；崇尚必死以殉，部眾各絕勝望。皆不是深入求勝的方術。

凡人㈠：死愛㈡；死怒㈢；死威㈣；死義㈤；死利㈥。

【今註】㈠凡人：所有的人。㈡死愛：感受恩愛，因肯致死力。㈢死怒：激怒滿腔，因肯致死力。㈣死威：威逼無路，因乃致死力。㈤死義：勸以大義，因乃致死力。㈥死利：誘以厚利，因乃致死力。

【今譯】生，人所欲，死，人所惡，要人捨欲就死，必得結以恩愛；或激以暴怒；或劫以威逼；或勸以大義；或誘以厚利，而後可得到他的致死力。

凡戰之道㈠：教約㈡人輕死㈢，道約㈣人死正㈤。

【今註】㈠凡戰之道：所有的作戰統御方法。㈡教約：教令簡約，使人皆知。㈢人輕死：人人輕視性命。㈣道約：「道」為國家政策。㈤人死正：「正」為正當應盡的義務，即國民天職。

【今譯】所有的作戰統御方法：教令簡明，人人願致死效力；政策顯明，人人願盡其天職。

凡戰：若㈠勝㈡若否㈢，若天㈣若人㈤。

【今註】㈠若：像是。㈡若勝：最爭取勝利的條件則攻。㈢若否：無取勝條件，就守以待機。㈣若天：上得天時。㈤若人：下盡人事。

【今譯】所有的作戰爭取勝利道理，上得天時，下盡人事，能取勝就進戰，否則就當守以待機。

凡戰：三軍㈠之戒㈡，無過三日㈢；一卒㈣之警㈤，無過分日㈥；一人之禁㈦，無過一息㈧。

【今註】㈠三軍：古中、上、下三軍為「全軍」，即「大軍」。㈡三軍之戒：用一部擔任警戒部隊，使大軍餘裕的作戰準備時間和地域。㈢三日：即三日三夜。㈣一卒：古百人為一卒，由卒正統率著。㈤警：警備。㈥分日：半日。㈦禁：監守某地區，如今守衞步哨。㈧一息：一次休息時間，約今二小時。

【今譯】所有的戰備警戒：大軍不過三天；百人之卒不過半天；一兵不過兩小時。

凡大善㈠用本㈡，其次㈢用末㈣，執略㈤守微㈥，本末唯權㈦，戰也㈧。

【今註】㈠大善：大的善戰之人。㈡用本：即行博愛之仁。㈢其次：指次大善的「善戰的人」。㈣用末：以兵爭求勝利。㈤執略：執行作戰謀略。㈥守微：把守機密微妙。㈦本末唯權：對敵人用本的政戰，或用末的兵戰，也惟有及時的權變手段。㈧戰也：這是作戰的基本道理。

【今譯】所有的偉大善戰的人，作戰使用博愛仗義；次一等的善戰的人，就使用兵爭求勝了。用兵爭求勝要執行用兵的謀略，謀略的守密微妙是很重要的。用本的政戰或用末的兵戰，也僅是使用權變的手段。這是作戰的基本道理。

凡勝㈠：三軍㈡一人勝㈢。

【今註】㈠勝：戰爭勝利。㈡三軍：指全軍。㈢一人勝：心如元首一人的，定得勝利。

【今譯】所有的戰爭勝利：全軍的心像元首一人的，定得勝利。

凡鼓㊀：鼓旌旗㊁；鼓車㊂；鼓馬㊃；鼓徒㊄；鼓兵㊅；鼓首㊆；鼓足㊇。七鼓㊈兼齊㊉。

【今註】㊀鼓：用皮瞞木桶為「鼓」，擊聲冬冬，用示進擊當前敵人。㊁旌旗：旂上插羽毛的為「旌」，不帶羽毛的為「旂」。㊂車：指戰車。㊃馬：指騎兵。㊄徒：指步兵。㊅兵：指使用重軍械之兵。㊆首：指舉首看顧前後，照顧左右。㊇足：指腳上的前進、跪、坐、止齊。㊈七鼓：以上七種鼓聲。㊉兼齊：全都齊備了。

【今譯】所有的擂鼓進擊：有開合旌旗以進軍的鼓聲；有令戰車先行前驅的鼓聲；有先令騎兵前進的鼓聲；有先令步兵前進的鼓聲；有先令重兵器兵前進的鼓聲；有令左顧右顧前顧後顧的鼓聲；有令前進跪坐止齊的鼓聲。還有這七種鼓聲一應俱全的前進攻擊的鼓聲。

凡戰：既固㊀勿重㊁，重進㊂勿盡㊃，凡盡危㊄。

【今註】㊀既固：已經堅固。㊁重：再加強。㊂重進：重兵力進戰。㊃勿盡：不要盡數投入。㊄凡盡危：所有的力量盡數投入是危險的。

【今譯】所有的作戰部署：既然已竟堅固，就不要再行加強。形成攻擊重點後，不要再將預備兵力盡數使用。作戰軍沒有預備兵力是危險的。

凡戰：非陳㊀之難㊁，使人可陳難㊂。非使可陳難㊃，使人可用難㊄。非知之難㊅，行之難㊆。人方有性㊇，性州㊈異㊉，教成俗㊁，俗州異㊂，道㊂化俗㊃。

【今註】㊀陳：同「陣」，下各「陳」字同。即作戰部署亦即布置的意思。㊁非陳之難：作戰部署的布陣不是難事。㊂使人可陳難：使軍隊可用於布陣難。㊃非使可陳難：使軍隊可用布陣還不是太難事。㊄使人可用難：使軍隊人人管用難。㊅非知之難：一般事是知難行易，人心理上事就不是「知難」而是「易知不易行」。㊆行之難：難於實行。㊇人方有性：所有的人每方有每方的氣質稟性。㊈州：夏以前中國分為冀、兗、青、徐、揚、荊、豫、梁、雍九州。商代分為冀、幽、兗、營、徐、揚、荊、豫、雍九州。周分為冀、幽、幷、兗、青、揚、荊、豫、雍九州，是合徐於荊，梁合於雍，分冀為冀、幽、幷三州。㊉性州異：人的氣質稟賦各州異樣。㊁教成俗：教化成為風俗。㊂俗州異：習慣也成為風俗的一部，故每州風俗不同。㊂道：國家政策。㊃道化俗：用國家政策去變化各地風俗。

【今譯】所有的作戰準備，不難在作戰部署的布陣，難在使人人適合作戰部署。使人適宜作戰部署尚不太難，最難的是得人而用各稱其職。這就是心理上的事與一般相反的「知易行難」。一方人有一方人的氣質稟賦，甚至各州都不一樣。教化可以為風俗，習慣也是形成風俗主要部分，所以風俗也是每州不相同的。只有國家政策的道，能以變化風俗。

凡眾寡㊀，既勝若否㊁。兵不告利㊂，甲不告堅㊃，車不告固㊄，馬不告良㊅，眾不自多㊆，未獲道㊇。

【今註】㊀眾寡：兵力大為「眾」，兵力小為「寡」。㊁既勝若否：武經七書本為「若勝若否」未可從。既已戰勝，當像未勝時的兢兢業業，以保持既勝的成果。㊂兵不告利：兵器不可以言銳利。㊃甲不告堅：衣甲不可以言堅牢。㊄車不告固：戰車不可以言鞏固。㊅馬不告良：乘馬不可以言精良。㊆眾不自多：因為雖然戰勝，我軍兵力不會自行增多。㊇未獲道：獲是取得到手。道是國家的政策。未獲道即尚未爭取到國家政策上所定的戰略目標。

【今譯】所有的兵力眾寡的運用，雖然已戰勝敵人，也當像未戰勝時的兢兢業業。不可以說兵器銳利，不可以說衣甲堅牢，不可以說戰車鞏固，不可以說馬匹精良。因為我軍兵力未曾自行增多而戰力正疲，何況尚未獲得戰爭最後的成果達成國家政策的戰略目標呢！

凡戰㊀：勝則與眾分善㊁；若將復戰㊂，則重賞罰㊃；若使不勝，取過在己㊄，復戰，則誓己居前㊅，無復先術㊆。勝否勿反㊇，是謂正則㊈。

【今註】㊀凡戰：指作戰實施。㊁善：指功勞。㊂復戰：再次發起作戰。㊃重賞罰：檢討功過，重視賞功罰過。㊄取過在己：指揮官引過歸於自己身上。㊅誓己居前：明令公告自己親自在前領導。㊆無復先術：不用先一次失敗的戰術。㊇勝否勿反：不論勝否都不要違反。㊈正則：正常的準則。

【今譯】所有的作戰實施：戰勝了，指揮官就當與諸部眾分記功勞；若是還得發起作戰，指揮官就該檢討得失重視賞罰；假若作戰不勝，指揮官該引過歸己，再興作戰就明令公告自己居前，不再用先次戰術。勝否都不得違反的，這就是正常的作戰準則。

凡民㊀：以仁救㊁；以義戰㊂；以智決㊃；以勇鬬㊄；以信專㊅；以利勸㊆；以功勝㊇。故心中仁㊈，行中義㊉，堪物⑪智也⑫，堪大⑬勇也⑭，堪久⑮信也⑯，讓以和⑰，人自洽⑱。自予⑲以不循⑳，爭賢㉑以為㉒，人說其心㉓，效其力㉔。

【今註】㊀民：指國民。㊁以仁救：用博愛的心救他人出危難。㊂以義戰：用救國大義激勵他去作戰。㊃以智決：用智慧教他判決是非。㊄以勇鬬：用勇武率導他去戰鬬。㊅以信專：用信實不欺培養他的專誠一志。㊆以利勸：用財富之利去勸他勤奮。㊇以功勝：用功勞勳名鼓勵他爭取勝利。㊈心中仁：「中」讀作命中的衆音。言上官的心命中在博愛的「仁」字上。㊉行中義：行為合乎適宜的「義」。㈡堪物：堪於利用的物力。㈢智也：是有智慧的。㈢堪大：堪捍大患，禦大敵，當大任。㈣勇也：是有勇氣的人。㈤堪久：堪與眾人保持永久的交誼。㈥信也：是信實可靠的人。㈦讓以和：謙讓不爭已成的功勞，足以保持軍中和睦。㈧人自洽：有本為「人以治」，不對。「人自洽」乃言軍中和睦而人心自然融洽。㈨自予：自取諸己，自己新創方法是。㈩不循：不仿效別人。㈡爭賢：爭著自為賢人。㈢以為：求有所作為。㈢人說其心：「說」同「悅」。人人快悅在他的心中。㈣效其力：甘願使出他的力量。

【今譯】所有的國民，執政的人當用博愛的心去救他們的危險；當用救國大義去激他們作戰；當用智慧教他們判決是非；當用勇力率領他們去戰鬥；當用信實培養他們專誠心志；當用財富的利益去勸他們勤奮；當用功勞勳名去鼓勵他們爭取勝利。因這些原故，所以執政的人要心中時時想在博愛的仁字上；行為要處處做到適宜的義字上；要有利用物力的智慧；要有擔當大事的勇氣；更要有能與眾人保持永久交誼的信用。

軍中的事，上下謙讓，不爭已成的功勞，是足以保持和睦的。軍中和睦，人心自然融洽。每人自己想他的創新方法，不願因循的仿效別人舊法。這樣的人人爭著自當賢人，以求有所作為，那是人人的喜悅發自內心，都願意為國家使出他的力量了。

凡戰㈠：擊其㈡微靜㈢；避其㈣強靜㈤；擊其疲倦㈥；避免其閑

窕㈦；擊其大懼㈧；避其小懼㈨。自古之政也㈩。

【今註】㈠戰：指作戰指揮言。㈡擊其：攻擊敵人，予他以致命的打擊。㈢微靜：兵力微弱，舉止肅靜。㈣避其：躲避敵人，對敵退走或防禦。㈤強靜：兵力強大，舉止肅靜。㈥疲倦：疲勞睏倦。㈦閑窕：「閑」同「嫻」，是很熟練，「窕」是很輕捷。㈧大懼：很是懼怕。㈨小懼：很是謹慎。㈩自古之政也：自從古代以來，司馬法規定的國家大事都是這樣的。

【今譯】所有的作戰指揮：攻擊微弱肅靜的敵人；躲避強大肅靜的敵人；攻擊疲勞睏倦的敵人；躲避訓練精良的敵人；攻擊對我懼怕的敵人；躲避對我謹慎的敵人。這以上所述說的，都是自古代以來司馬法所規定的國家大事呀！

用眾第五（第五篇　戰場指揮）

原文

凡戰之道：用寡固，用眾治。寡利煩，眾利正。用眾進止，用寡進退。眾以合寡，則遠裹而闕之。若分而迭擊，寡以待眾。若眾疑之，則自用之。擅利，則釋旗，迎而反之。敵若眾則相聚而受裹。敵若寡，若畏，則避之開之。

凡戰：背風；背高；右高；左險；歷沛；歷圮；兼舍環龜。

凡戰：設而觀其作；視敵而舉；待則循而勿鼓，待眾之作；攻則屯而俟之。

凡戰：眾寡以觀其變；進退以觀其固；危而觀其懼；靜而觀其怠；動而觀其疑；襲而觀其治。擊其疑；加其卒；致其屈；襲其規；因其不避；阻其圖；奪其慮；乘其懼。

凡從奔，勿息。敵人或止不路，則慮之。

凡近敵都必有進路，退，必有返慮。凡戰：先則弊，後則懾，息則怠，不息亦弊，息久亦反其懾。書親絕，是謂絕顧之慮。選良次兵，是謂益人之強。棄任節食，是謂開人之意。自古之政也。

用眾㊀第五㊁

凡戰之道㊂：用寡固㊃；用眾治㊄。寡利煩㊅，眾利正㊆。用眾進止㊇，用寡進退㊈。眾以合寡㊉，則遠裹⑪而闕之⑫。若分而迭擊⑬，寡以待眾⑭。若眾疑之⑮，則自用之⑯。擅利⑰，則釋旗⑱，迎而反之⑲。敵若眾則相聚而受裹⑳。敵若寡㉑、若畏㉒，則避之開之㉓。

【今註】㊀用眾：篇名，由本篇開始有「凡戰之道用寡固用眾治」一語而來，無標題意義。㊁第五：篇的次序排在第五。㊂戰之道：作戰指揮的方法。㊃用寡固：對敵人兵力相較，我軍為少數，稱為「用寡」。用少數兵力對多數敵人作戰，宜堅固為守以待可勝之機。㊄用眾治：對劣勢敵人作戰為「用眾」，宜整齊治理，依計畫取勝。㊅寡利煩：「煩」即頻繁變化，以爭取有利的機會。㊆眾利正：「正」即正常方法。㊇進止：前進，停止。㊈進退：前進，後退。㊉眾以合寡：我軍眾，會合寡弱的敵人。㈡裹：包圍。㈢闕之：「闕」同「缺」。即缺一面不合圍。㈢分而迭擊：分兵而迭次實行攻擊。㈣寡以待眾：是少數兵力對待強敵的方法。㈤若眾疑之：若我部眾有所疑懼。㈥則自用之：就該自己用權變去制勝。㈦擅利：若專欲與敵爭利。㈥則釋旗：「釋」即放開手。就丟棄旗鼓不惜以行誘敵。㈨迎而反之：迎戰，再奪回來。㈣相聚而受裹：「相聚」的「聚」字，多書為「眾」字。「相聚而受裹」，我軍被圍，我力合一，敵分為十，誰眾誰寡便全變了。㈢敵若寡：敵兵力小而無後援。㈢若畏：且又有畏懼心。㈢避：躲避他。㈣開之：開放他退走路。

【今譯】 第五篇 戰場指揮

所有戰場指揮方法：使用少數兵力對多數之敵作戰，宜堅固為守，以待可勝的機會；如是使用多數兵力對寡弱敵人作戰，宜整齊治理，以防敵致命頑抗。我軍勢寡力薄，如能頻繁變化，猶可取得有利地位；我軍勢眾力強，只要使用正常的作戰方法，處處都是對我有利的。所以使用強大兵力作戰，只講求前進向敵攻擊，停止齊一力量；惟有使用弱小兵力作戰，才講究前進時前進，不能前進時便後退走避。

指揮強大兵力對弱小敵人合戰中，實行包圍當缺出一面，以分敵死守的心。

敵眾我兵力薄弱的作戰中，如能分兵迭次出擊，也是爭取戰勝的好方法。倘若我軍部眾有所疑懼，就該自己使用權變方法去破除。倘若要專欲與敵人爭利，那丟旗鼓以誘致敵人，然後再迎頭予以痛擊的奪回來，也是誘敵逐利的常法。

敵人若頗強大，我軍就相聚而受包圍，是我力聚而為一，敵一分而為十，我眾而敵寡了。敵人兵力像是很少，而無後援，且又有畏懼心，我軍雖強，當躲避他的致力拚死的頑戰，開放他逃生之路，用追擊去殲滅他。

凡戰：背風㈠；背高㈡；右高㈢；左險㈣；歷沛㈤；歷圮㈥；兼舍㈦環龜㈧。

【今註】㈠背風：風來自我軍背後。㈡背高：我軍背後有高山高地。㈢右高：即左右翼有高地可依託。㈣左險：即左右翼有險隘可為依託。㈤歷沛：「歷」即過而不留。「沛」即沼澤地。㈥圮：道路傾壞或斷絕地。㈦兼舍：古三十里為一舍，「兼舍」即併兩舍為程，直行六十里。㈧環龜：龜形中凸鼓起四方低下，宿營地如能在環龜形地為營，易於防衛。

【今譯】所有的戰場指揮：選戰場當找背後來風的風向；當找背後有高地，或左右翼有高地、險隘可為依託的地方；經過沼澤的沛地，或傾壞斷絕的圮地，應急去不停留；寧可多走三十里路也要尋找個適合作戰的龜形地。

凡戰：設㊀而觀其作㊁；視敵而舉㊂；待㊃則循㊄而勿鼓㊅，待眾之作㊆；攻㊇則屯㊈而俟之㊉。

【今註】㊀設：戰備設施。㊁觀其作：觀察敵人的反應動作。㊂視敵而舉：當看敵情虛實而後決定自己的舉止。㊃待：若敵人等待我先動。㊄循：順敵人的意願。㊅勿鼓：不要擊鼓進攻。㊆待眾之作：以寡兵力對待眾兵力的作戰方法。㊇攻：敵來攻我。㊈屯：厚集兵力為「屯」。㊉而俟之：用以等待敵人，與一決戰。

【今譯】所有的戰場指揮：先敵作好了戰備設施，來觀察敵人的反應動作；看清敵人的虛實，再決定自己的舉措；設若敵人要等待我軍先動，我當順其意而不向之進攻，當用以寡待眾分兵迭次進戰等法以對敵；倘敵人前來攻我，當厚集兵力以等待制勝機會與敵決戰。

凡戰：眾寡㊀以觀其變㊁；進退㊂以觀其固㊃；危㊄而觀其懼㊅；靜㊆而觀其怠㊇；動㊈而觀其疑㊉；襲⑪而觀其治⑫。擊其疑⑬；加其卒⑭；致其屈⑮；襲其規⑯。因其不避⑰；阻其圖⑱；奪其慮⑲；乘其懼⑳。

【今註】㊀眾寡：或示敵以眾，或示敵以寡。㊁以觀其變：用以觀察敵情變化。㊂進退：向敵進攻，避敵後退。㊃以觀其固：用來觀察敵人的鞏固力。㊄危：迫敵危殆。㊅而觀其懼：而後觀察敵人懼怕程度。㊆靜：與敵保持平靜。㊇而觀其怠：而後觀察敵人是否怠惰。㊈動：向敵設計去挑動他。㊉而觀其疑：而後觀察敵人怎樣疑惑。㊁襲：使有力的部隊，給敵以意外的打擊。㊂而觀其治：而後觀察敵人治亂的方法。㊂擊其疑：乘敵猶疑而對之襲擊。㊃加其卒：敵人倉卒不及中，對之加兵攻擊。㊄致其屈：乘敵遭受屈辱挫折，對之實行誘致。㊅襲其規：敵方謀規畫，對之進行破壞擾亂。㊆因其不避：乘隙為「因」，敵人不自量力為「不避」。㊇阻其圖：阻止敵人的企圖謀畫。㊈奪其慮：剝奪敵人所思慮的機會。㊀乘其懼：乘敵人畏懼而攻擊他。

【今譯】　所有的戰場指揮，都要重視謀略。示敵以眾或示敵以寡，用以觀察敵情變化；對敵進攻或避敵後退，用以觀察敵陣鞏固程度；臨敵以危迫，而後察看敵人的畏懼情形；故意對敵保持平靜，而後察看敵人是否怠惰疏忽；設計挑動敵陣，而後察看敵人怎樣疑惑；用力偷襲敵人，而後察看敵人治亂方法。

用兵的方法：要乘敵猶疑，而對敵實行攻擊；乘敵倉卒不及，而對敵加兵攻擊；乘敵遭受屈辱挫折，而對敵實行誘致；乘敵忙於規畫，而對敵偷襲以破壞擾亂；乘敵自不量力的過失，而擴張敵人的孔隙；乘敵有所企圖謀畫，而對敵人加以阻撓制止；乘敵有所思慮，運用謀略剝奪敵人的思路；乘敵有所畏懼，施用謀略來擴大敵人的畏懼。

凡從奔㈠，勿息㈡，敵人㈢或止不路㈣，則慮之㈤。

【今註】㈠從奔：即追逐敗逃的敵人。㈡勿息：不要停止、不要休息。㈢敵人：指已敗逃中的敵人。㈣或止不路：或停止不逃走，或離開道路落荒而走。㈤則慮之：就該考慮是否有誘、有援、有恃、有伏。

【今譯】所有追逐逃奔，要從敵後追個不息。逃奔的敵人或是停止不走，或是離開道路落荒而走，這時就該考慮的是敵人是否有誘計、有援兵、有仗恃、有埋伏。

凡近敵都㈠，必有進路㈡，退㈢，必有返慮㈣。

【今註】㈠近敵都：接近敵人的都市。㈡必有進路：必預定好進軍路線，以防散亂。㈢退：退走離開都市。㈣必有返慮：必預定好返還考慮，以防為敵所薄。

【今譯】所有的軍隊接近敵人都市，必得事先預定好進軍路線，以防散亂離失。退出敵人都市也必得預定返還的考慮，以防為敵人所偷襲。

凡戰㈠：先則弊㈡；後則懾㈢；息則怠㈣；不息亦弊㈤；息久亦反其懾㈥。書親絕㈦，是謂絕顧之慮㈧。選良㈨次兵㈩，是謂益人之強⑪。棄任⑫節食⑬，是謂開人之意⑭。自古之政也⑮。

【今註】㈠戰：指戰場指揮。㈡先則弊：先敵而動就易致疲弊。㈢後則懾：後敵而動就畏懾易受敵欺。㈣息則怠：休息了就生怠惰的心理。㈤不息亦弊：若不休息，軍力也致疲弊。㈥息久亦反其懾：休息的時間久，反而又增加了對敵人的恐懼畏懾心理。㈦書親絕：「書」即寫信。「親」是親近的家中親人。「絕」是絕斷不繼續。㈧絕顧之慮：杜絕後顧的顧慮。㈨選良：挑選軍中優良人才。⑩次兵：次第即分配最好的兵器。⑪益人之強：「益」是增加。「人」是人力。「強」是強壯。⑫棄任：「棄」是丟棄。「任」是職務內使用的工具。「棄任」即像「塞井夷灶」，「破釜沉舟」等示不再使用這些工具了。⑬節食：「節」是節約，「食」是食糧。如「限持三日糧」，「滅此朝食」等是。示必死或必生的機會就在此一戰。⑭開人之意：「開」是啟發，「人」指軍內諸人，「意」是使人人具有專心一致奮死擊敵的意志。⑮自古之政也：自古代以來司馬法就是這樣規定的。

【今譯】所有的戰場指揮：我軍過早先敵行動，那就徒勞易致疲弊；我軍過遲後敵行動，那就畏懾易受欺騙；我軍過於重視休息，那就習慣成為怠惰；過於不重視休息，那也就造成疲弊不堪；休息也不宜過久，過久了，軍隊反而畏懼作戰了。

激勵士氣的方法很多：預寫絕命書信，那是斷絕後顧的顧慮；挑選勇敢善戰的良士，持用精銳武器擔任前鋒，那是增大人力的加強法；「破釜沉舟」的示不回還，「滅此朝食」的示戰必勝，那是啟發全軍專心一致的擊敵意志。

以上這些，都是古代以來司馬法所規定的國家大事呢！

司馬法今註今譯

主編◆中華文化復興運動推行委員會（國家文化總會）
國立編譯館中華叢書編審委員會
註譯者◆劉仲平
發行人◆施嘉明
總編輯◆方鵬程
執行編輯◆葉幗英 徐平
校對◆呂乃康 鄭秋燕
美術設計◆吳郁婷

出版發行：臺灣商務印書館股份有限公司
臺北市重慶南路一段三十七號
電話：（02）2371-3712
讀者服務專線：0800056196
郵撥：0000165-1
網路書店：www.cptw.com.tw
E-mail：ecptw@cptw.com.tw
網址：www.cptw.com.tw

局版北市業字第 993 號
初版一刷：1975 年 11 月
二版一刷：1986 年 11 月
三版一刷：2013 年 5 月
定價：新台幣 350 元

ISBN 978-957-05-2824-4（精裝）

司馬法今註今譯／劉仲平註譯；國立編譯館中華
叢書編審委員會、國家文化總會主編.
--三版. -- 臺北市：臺灣商務，2013. 05
面；　公分

ISBN 978-957-05-2824-4（精裝）

1. 司馬法　2. 注釋

592.094　　102004311

讀者回函卡

感謝您對本館的支持，為加強對您的服務，請填妥此卡，免付郵資寄回，可隨時收到本館最新出版訊息，及享受各種優惠。

■ 姓名：________________________ 性別：□ 男 □ 女

■ 出生日期：________年________月________日

■ 職業：□學生 □公務(含軍警) □家管 □服務 □金融 □製造
□資訊 □大眾傳播 □自由業 □農漁牧 □退休 □其他

■ 學歷：□高中以下（含高中）□大專 □研究所（含以上）

■ 地址：____
____

■ 電話：(H) ______________________ (O) __________________

■ E-mail：____

■ 購買書名：____

■ 您從何處得知本書？

□網路 □DM廣告 □報紙廣告 □報紙專欄 □傳單
□書店 □親友介紹 □電視廣播 □雜誌廣告 □其他

■ 您喜歡閱讀哪一類別的書籍？

□哲學．宗教 □藝術．心靈 □人文．科普 □商業．投資
□社會．文化 □親子．學習 □生活．休閒 □醫學．養生
□文學．小說 □歷史．傳記

■ 您對本書的意見？（A/滿意 B/尚可 C/須改進）

內容 ___________ 編輯________ 校對________ 翻譯________
封面設計________ 價格________ 其他____________________

■ 您的建議：____
____

※ 歡迎您隨時至本館網路書店發表書評及留下任何意見

臺灣商務印書館 The Commercial Press, Ltd.

台北市100重慶南路一段三十七號 電話：(02)23115538
讀者服務專線：0800056196 傳真：(02)23710274
郵撥：0000165-1號 E-mail：ecptw@cptw.com.tw
網路書店網址：http://www.cptw.com.tw 部落格：http://blog.yam.com/ecptw
臉書：http://facebook.com/ecptw

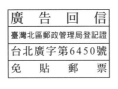